Evrim ve Tasarım: Mantık ve Kanıt

Ammar Adil

Published by Ammar Adil, 2024.

While every precaution has been taken in the preparation of this book, the publisher assumes no responsibility for errors or omissions, or for damages resulting from the use of the information contained herein.

EVRIM VE TASARIM: MANTIK VE KANIT

First edition. November 19, 2024.

ISBN: 979-8230739913

Written by Ammar Adil.

Also by Ammar Adil

Sunni Hadiths and Sirah: Proofs of Historical Reliability
The Existence of God and the Irrationality of Atheism
Proofs for Islam: Prophecies of Prophet Muhammad ﷺ
Hadiths Sunnites et Sirah : Preuves de Fiabilité Historique
Evolution and Design: Logic and Evidence
Evrim ve Tasarım: Mantık ve Kanıt

İçerik tablosu

Önsöz

Evrim artık mutlak ve geniş çapta kabul edilen bir gerçek olarak görülmektedir. Yaşamın tasarlanmış olduğu veya canlıların ayrı ayrı yaratıldığı inancı tamamen mantıksız ve bilim tarafından tamamen çürütülmüş bir inanç olarak kabul edilmektedir. Bu durum özellikle Batı dünyasında geçerlidir. Yaşamın tasarlanmış olduğuna inanmak, büyük bir komplo teorisi olarak değerlendirilmekte ve bu inancı taşıyan insanlar irrasyonel ve çaresiz olarak görülmektedir. Bu insanlar, Evrim lehine sunulan ezici kanıt karşısında sadece dini inançları nedeniyle bu görüşlere tutunmaktadır.

Bu kitap, İnşallah, bu batıl anlayışı çürütecektir. Bir noktayı açıkça belirtmek istiyorum: Evrim'e karşı çıkmam, dini bir gerekEvrime kaynaklanmamaktadır. Özellikle hayvanların ve bitkilerin genel evrimi açısından böyle bir zorunluluk bulunmamaktadır. Müslümanlar, insanın özel yaratılışına inanmak zorundadır, ancak bunun dışında genel anlamda Evrim ile İslam arasında herhangi bir uyumsuzluk yoktur. Bu nedenle, hayatımın erken dönemlerinde Evrim hakkında olumsuz bir görüşe sahip değildim. Ancak bu konu hakkında daha fazla araştırma yaptıkça, Evrim inancının, kanıtlarla tamamen geçersiz kılınmış bir dine benzer olduğunu fark etmeye başladım.

Evrim konusundaki görüşümü değiştirmemin nedeni, evrimsel teorinin kanıtlarını ve ardındaki mantığı analiz etmemdir. Son 150 yıldır bu tartışmada kullanılan mantık ve delillerini inceledikçe, Evrimin arkasındaki felsefenin ve mantığının derin sorunlar içerdiğini gördüm. Ancak mesele sadece bu değil. Evrim lehine sunulan bilimsel kanıtlar da ciddi şekilde sorunludur. Çoğu zaman, bilim insanları Evrim'e dair halk arasında yazdıkları eserlerde ve kitaplarında bir şeyler söylerken, hakem onaylı ana akım Evrimsel Biyoloji literatüründe bunun tam tersi geçerli olmaktadır.

Bu kitabı okurken hatırlanması gereken önemli bir noktadır: Evrim'e dair belirli bir kanıtı ele aldığım her zaman, ana akım evrimsel biyologlar tarafından yayımlanmış hakem onaylı makalelerden ve kitaplardan birçok referans vereceğim. Böylece, bu kitaptaki referansların Evrim'e karşı önyargılı olduğu iddiası kimse tarafından ileri sürülemeyecektir. Ayrıca, biyoloji ve canlı organizmaların temel ve tartışmasız yönlerini açıklamak için zaman zaman Bilinçli (Akıllı) Tasarım savunucularından da alıntılar yapacağım.

Birinci bölümde, hem Evrimciler hem de Akıllı Tasarım savunucuları tarafından kullanılan temel argümanların ve inançların gerekçelerine değineceğim. Bu tartışmada en sık kullanılan dört inanç gerekçesi şunlardır: Sezgiler, Ockham'ın Usturası, Örten Olasılık ve Belirli Tahminlerin Gerçekleşmesi. Her iki tarafın da bu gerekçeleri nasıl kullandığını ve bu gerekçeleri tutarlı bir şekilde uygulayıp uygulamadıklarını analiz edeceğim. Bu bölüm, bu gerekçelere bir giriş niteliğinde olacak ve kitabın ilerleyen bölümlerinde daha detaylı olarak ele alınacaktır.

Bir sonraki bölümde, Evrim ve Tasarım'ın temel tanımları verilecektir. Ayrıca, bu tartışmada kullanılan bazı hatalı mantık örnekleri ve temel varsayımlar ortaya konulacaktır. Bu bölümde ayrıca Evrensel Ortak Ata fikri ile Evrim mekanizması arasındaki farkın altı çizilecektir. Evrim'in bir bilim mi yoksa bir felsefe mi olduğu sorusu da bu bölümde ele alınacak ve Evrim'in yanlışlanabilir olup olmadığı konusuna kısaca değinilecektir.

Bir sonraki bölüm, Evrensel Ortak Ata düşüncesinin ardındaki mantık ve kanıtlardan birkaçı hakkındaki bahse yönelecektir. Bu konu, önceki bölümlerde tanımlanan kriterlere göre analiz edilecek ve Evrensel Ortak Ata için öne sürülen yaygın argümanların güçlü ve zayıf yönleri incelenecektir.

İlerleyen bölümlerde, Evrim için en yaygın kanıtlar ele alınacaktır. Bunlar arasında fosil kayıtları, filogenetik ağaçlar, biyocoğrafya, körelmiş (kalıntı) organlar ve junk(çöp) DNA ile embriyoloji yer alacaktır. Bunlar, Evrim için en çok kullanılan argümanlar olup aynı zamanda yaşamın tasarlanmış olmasına karşı ileri sürülen delillerdir. Bu bölümlerden sonra, kitaba kısa bir sonuç bölümü ekleyeceğim.

Evrim ile ilgili diğer önemli konular, örneğin Bekleme Süreleri Problemi, Antibiyotik Direnci, Moleküler Saat Verileri, Yetim Genler, Akıllı Tasarım argümanları ve kötü tasarım iddiaları, İnşallah, gelecekte yayımlanacak bir kitapta ele alınacaktır.

İnanç ve Argümanların Gerekçelendirilmesi

Bu bölümde, Evrim ve Tasarım tartışmalarında en yaygın olarak kullanılan temel inanç ve argüman gerekçelerini ele alacağız. Bu gerekçeler, kanıtların analizinden önce varsayılır ve bu tartışmaya tutarlı bir epistemolojik yaklaşımla yaklaşabilmek için kendilerinin de incelenmesi gerekir. Aşağıdaki bölümlerde bu gerekçelerin her biri analiz edilecektir. Bu bölümün bazı içerikleri, Tanrı'nın Varlığı ve Ateizmin Mantıksızlığı adlı kitabımdan alınmıştır.

Sezgiler

Bu bölümde, Evrim ve Akıllı Tasarım tartışmalarında kullanılan temel inanç ve argüman gerekçelerinden biri olan sezgiyi inceleyeceğiz. Sezgiler, bu tartışmada sıkça hangi tarafın üzerinde kanıtlama yükümlülüğünün olduğuna dair argümanlarda kullanılır. Dolayısıyla, kısa bir giriş ve analiz yapmak gereklidir.

Sezgi, bilinçli bir akıl yürütme olmaksızın sahip olduğumuz içgüdüsel bir inanç veya histir. Örneğin, birini haksız yere öldürmenin kötü olduğu inancı sezgiseldir; bu inanca sahip olmak için herhangi bir kanıta ihtiyaç duymayız, içgüdüsel olarak böyle olduğuna inanırız. Bir başka sezgi örneği, bir şeyin parçalarının bütününden büyük olamayacağına dair inançtır. Örneğin, bir pizzayı dört dilime böldükten sonra parçaları tekrar birleştirsek, pizzaya bir şey eklenmedikçe yeni pizzanın miktarı eskisinden fazla olamaz. Bu da herhangi bir kanıt gerektirmeyen, içgüdüsel olarak inandığımız bir sezgidir. Burada sezgilerle ilgili önemli bir noktaya dikkat çekmek gerekir. Bu tartışmada, her iki taraf da sezgileri çoğu zaman gerekçelendirmeye çalışmaz.

Yukarıda verilen sezgiler, oldukça yaygındır. Bu tür sezgilere evrensel sezgi adını vereceğim. Ancak tüm sezgiler böyle değildir. Çoğu sezgi, belirli bir zaman diliminde ve belirli bir kültürel çevrede yetişen insanlarla sınırlıdır. Örneğin, çocuk evliliğinin veya köleliğin ahlaken yanlış olduğu sezgisi, günümüzde yaygın olarak kabul edilir. Ancak tarih boyunca insanların büyük çoğunluğu bu uygulamaları kötü veya ahlaken yanlış görmemiştir.

Dolayısıyla bu tür sezgiler, daha önceki örneklerden farklıdır; çünkü belirli bir zaman ve çevreye bağlı olarak ortaya çıkar. Bu tür sezgilere öznel sezgi adını vereceğim.

Evrensel sezgiler, ilke olarak kanıt olarak kabul edilebilirken, öznel sezgiler kanıt olarak kabul edilemez. Bunun nedeni, öznel sezgilerin farklı zamanlarda ve farklı yerlerde değişiklik göstermesidir. Bir grubun öznel sezgileri, başka bir grubun sezgileriyle çelişebilir. Bu nedenle, öznel sezgiler kanıt olarak kullanılmamalıdır.

Bazı durumlarda, Akıllı Tasarım savunucuları sezgileri kanıt olarak kullanır veya kullanabilir. Sezgilerin kullanılmasının ana yolu, Akıllı Tasarım için genel bir gerekçe sağlamak veya yaşamın tasarlanmadığını iddia eden kişinin ispat yükümlülüğünü taşıması gerektiğine dair bir neden sunmaktır.

Yaşamın tasarlandığına dair sezgi veya inanç, insanlık tarihi boyunca yaygın olmuştur. Psikolojik çalışmalar, yaşamın Akıllı Bir Yaratıcı tarafından tasarlandığı inancının insanların doğuştan sahip olduğu bir şey olduğunu göstermektedir. İşte bu gerçeğe dair bir kaynak: Are Children 'Intuitive Theists'? başlıklı makalesinde Profesör Deborah Kelemen şunları ifade ediyor:

"Son dönem bilişsel gelişim araştırmalarının bir incelemesi, çocukların yaklaşık 5 yaşına geldiklerinde doğal nesnelerin insan kaynaklı olmadığını anladıklarını, doğal olmayan etmenlerin zihinsel durumları hakkında akıl yürütebildiklerini ve nesneleri tasarım açısından değerlendirme yeteneği sergilediklerini ortaya koymaktadır. Son olarak, 6 ila 10 yaş arası çocuklardan elde edilen kanıtlar, çocukların doğaya yönelik amaç atfının, insan dışı kasıtlı nedenlerle ilgili fikirleriyle bağlantılı olduğunu göstermektedir. Bu araştırma bulguları bir arada ele alındığında, çocukların açıklayıcı yaklaşımlarının 'sezgisel teizm' olarak doğru bir şekilde tanımlanabileceği önerilmektedir."[1]

Bu, o kadar bariz bir gerçektir ki ateist psikologlar bile bunu kolaylıkla kabul ederler:

"Rastgele olmayan bir yapı gördüğümüzde bir etkeni buna atfetme eğilimimiz vardır. Bu, tasarım argümanının itici gücüdür — doğal ve biyolojik dünyada görülen tasarımın bir tasarımcıya işaret ettiği yönündeki sezgi. 2005 yılının Temmuz ayında Amerika Birleşik Devletleri'nde yapılan bir ankette, katılımcıların %42'si insan ve diğer canlıların başlangıçtan beri mevcut hâlleriyle var olduklarına inandıklarını belirtmiş, geri kalanların çoğu ise evrimin gerçekleştiğini ancak Tanrı tarafından yönlendirildiğini söylemiştir."[2]

Tasarımın sezgisel bir kavram olduğu gerçeği, ana akım Evrimsel Biyologlar tarafından da kabul edilmektedir. Açık olmak gerekirse, bu kişiler tasarımın var olmadığına ve yaşamın herhangi bir tasarıma ihtiyaç duymadan var olabildiğine inanırlar. Buna rağmen, tasarımın sezgisel olduğunu ve yaşamın tasarım izlenimi verdiğini kabul ederler. İşte Richard Dawkins'ten bu konuda bir referans:

"Biyoloji, bir amaç için tasarlanmış gibi görünen karmaşık şeylerin incelenmesidir."[3]

yüzyılın en önemli biyologlarından biri olan Francis Crick ise şöyle der:

"Biyologlar, gördüklerinin tasarlanmadığını, evrimleştiğini sürekli olarak akılda tutmalıdır. Bu nedenle, evrimsel argümanların biyolojik araştırmaları yönlendirmede büyük rol oynadığı düşünülebilir, ancak durum hiç de böyle değildir. Şu anda neler olduğunu incelemek zaten yeterince zordur."[4]

Dawkins'in yaşamın tasarım görünümüne sahip olduğunu söylemesinin nedeni, canlılara bakıldığında tasarımın bariz görünmesidir; her ne kadar kendisi yaşamın tasarlandığına inanmasa da. Başka bir deyişle, tasarım sezgiseldir. Crick'in biyologların yaşamın evrimleştiğini sürekli hatırlamaları gerektiğini belirtmesinin nedeni ise tasarım görünümünün son derece çarpıcı ve açık olmasıdır. Yine, tasarım sezgiseldir.

Bence birçok insan, canlılardaki tasarım görünümünün ne kadar çarpıcı ve belirgin olduğunu tam anlamıyla kavrayamıyor. Evrimciler, canlı organizmaların tasarlandığına inanmasalar bile, canlıları tanımlarken bile tasarım terminolojisini kullanmak zorunda kalıyorlar. Çünkü, yaşayan şeylerden söz ederken tasarım dili ve terminolojisi kullanmadan konuşmak son derece zordur. İşte bu gerçeğe dair bir referans:

Teleolojik (amaçlı, hedef odaklı) dilin biyolojide yaygın bir şekilde kullanımı devam etmektedir. Organizmalara doğal varlıklar olsalar da, bu kendiliğinden düzenlenen ve kendini besleyen varlıkları böyle bir dil olmadan anlamak zor olmuştur. Kalbin amacı, kan pompalamak gibi görünür; akciğerlerin amacı, hava solumak gibi görünür ve tüm organlar, hayvanı hayatta tutmak için birlikte çalışır. Bu teleolojik dil, daha önce Tanrı'nın amaçlı yaratımı olarak harfi harfine anlaşılmaktaydı. Ancak günümüzde, Tanrı'ya atıfta bulunmadan da kullanılmaya devam etmektedir; bu nedenle biyoloji için daha tarafsız tanımlar arayışı vardır. Bu şekilde, amaçlı karmaşıklık ve teleoloji ifadeleri sıklıkla "adaptasyon", "fonksiyonel karmaşıklık" veya "teleonomi" gibi terimlerle değiştirilmiştir.[5]

Eğer sezgiler inançlar ve argümanlar için kanıt veya gerekçe olarak kullanılıyorsa, o zaman ispat yükümlülüğü açıkça Akıllı Tasarım'a karşı argüman sunan veya Evrim'i savunan kişidedir. Bir evrimci, sezgilerin kanıt olmadığını ve bir şeyin doğru olduğu inancına sahip olmamızın o inancın doğru olduğu anlamına gelmediğini söyleyerek yanıt verebilir. Bu ifade, Evrimciler için büyük sorunlar yaratacaktır; bunu yakında göreceğiz.

Birçok Evrimcinin yüzleşmek istemediği bir gerçek şudur ki, sezgiler Evrim argümanlarının temelinde yatan ve Evrim lehine yapılan birçok yaygın argüman için kesinlikle kritik öneme sahiptir. Bu argümanlar, bu kitabın ilerleyen bölümlerinde ayrıntılı bir şekilde ele alınacaktır.

Basit bir hakikata bir örnek. Evrimcilerin yaşamın tasarlandığına karşı yaptığı en yaygın argümanların çoğu sezgilere dayanmaktadır. Bunun net örneklerinden bazıları, "Çöp DNA" ve "Kalıntı Organlar" argümanlarıdır. Bu iki argüman, bir Akıllı Tasarımcının amaçsız veya işe yaramaz bir şey yaratmayacağı sezgisine dayanmaktadır. Brown Üniversitesi'nden evrim biyoloğu Kenneth Miller şöyle argüman kurmaktadır:

"İnsan genomu, sahte genler, gen parçaları, 'yetim' genler, 'çöp' DNA ve amaçsız DNA dizilerinin o kadar çok tekrar eden kopyasıyla doludur ki, bu durum hiçbir şekilde akıllı tasarıma benzeyen bir şeye atfedilemez."[6]

Buradaki argümanın tamamen sezgiye dayandığını ve Evrimcilerin bu sezgiyi gerekçelendirmek için hiçbir çaba göstermediğini aklınızda tutun. Sezgilere dayanan başka bir argüman grubu ise, kötü tasarım argümanlarıdır ve bunlar kötülük problemi üzerine kuruludur. Bu argümanlar kategorisi, yaşamın mevcut durumunun çok fazla acı ve ızdıraba sebep verdiğini varsayar. Akıllı ve/veya iyi bir tasarımcı yaşamı bu şekilde yaratmazdı; dolayısıyla yaşam, akıllı tasarımın bir sonucu değildir ve bunun yerine Evrim'in bir ürünüdür. İşte bu tür bir argümanla ilgili bir referans:

Ayrıca, bunun iyi bir teoloji olmadığını da iddia ederdim, çünkü bu, tasarımcıya Yaratıcı'nın her şeyi bilme, her şeye gücü yetme ve sonsuz iyilik gibi nitelikler yerine, oldukça farklı nitelikler atfetmeye yol açar. Organizmaların ve onların parçalarının yalnızca mükemmel olmamakla kalmayıp, ayrıca eksiklikler ve işlev bozukluklarının yaygın olduğu, bu durumun da "kusurlu" bir "tasarım" kanıtı olduğu gerçeği de vardır. İnsan çenesini düşünün. Çenenin boyutuna göre fazla dişimiz var, bu nedenle yirmilik dişleri çıkarılmak zorunda kalıyor ve ortodontistler diğer dişleri düzelterek iyi bir yaşam getirisi sağlıyorlar. Böyle bir kusurlu tasarım için Tanrı'yı suçlamak ister miyiz? Bir insan mühendisi daha iyi iş yapardı. Evrim, bu eksikliği iyi bir şekilde açıklamaktadır. Atalarımızda beyin boyutu zamanla arttı ve daha büyük beyne uyum sağlamak için kafatasının yeniden şekillendirilmesi çenenin küçülmesini gerektirdi. Evrim, organizmanın ihtiyaçlarına doğal seçilim yoluyla yanıt verir; optimal tasarım değil, mevcut yapıları yavaş yavaş değiştirerek, adeta "tamir ederek" yanıt verir. Şimdi kadınların doğum kanalı üzerine düşünün; bebeğin başının kolayca geçişi için çok dar, bu nedenle binlerce bebek doğum sırasında ölüyor. Kesinlikle bu kusurlu tasarım veya çocukların ölümü için Tanrı'yı suçlamak istemeyiz.[7]

Evrimcilerden sezgilere dayanan başka argümanlar da vardır. Bunlardan biri, sonraki bölümde bahsedilen Ockham'ın usturası'dır. Bu, inançların gerekçesi olarak sezgilere oldukça benzer bir Ockham'ın usturası versiyonudur. Hatırlanması gereken önemli nokta şudur: Bu argümanların hiçbiri için Evrimcilerin, sezgilere müracaat etmekten başka bu inançlarını gerekçelendirme çabası yoktur.

Evrimciler tarafından, ispat yükümlülüğünün bu sezgilere karşı argüman sunan kişinin üzerinde olduğunu varsayarlar. Bu durumların çoğunda, bu sezgileri gerekçelendirmek bile mümkün değildir. Akıllı bir tasarımcının dünyada acı yaratmak istemeyeceğini nasıl kanıtlayabiliriz? Bunu kanıtlamanın ya da çürütmenin bir yolu yoktur. Bu sadece argümanın bağımlı olduğu içgüdüsel bir duygudan ibaret.

Bu sorun, Akıllı Tasarım'a karşı Evrimcilerin sunduğu tüm argümanları etkilemektedir. Bunun nedeni, bu argümanların hepsinin, bir akıllı tasarımcının nasıl hareket edeceği ve nasıl hareket etmeyeceğiyle ilgili sezgilere dayanmasıdır. Eğer sezgiler evrimcilerin iddia ettiği gibi kanıt değilse, o zaman bu gibi argümanların hepsi değersizdir; çünkü Evrimcilerin bu argümanların arkasındaki varsayımları kanıtlaması veya gerekçelendirmesi mümkün değildir.

Aklınızda bulundurmanız gereken önemli bir nokta var. Sezgilerin kanıt olarak alınıp alınmaması gerektiği konusunda tartışmak istemiyorum, ancak bu tartışmaya yaklaşan herkesin sezgilerle ilgili tutarlı bir epistemolojiye sahip olması gerekir. Yapılmaması gereken şey, bir kişinin sevdiği sezgileri kanıt olarak körü körüne kabul edip sevmediği sezgileri bir kenara atmasıdır. Bu, "işine geleni cımbızlama(cherry-picking)"dır. Bunun yerine, bir kişi ispat yükümlülüğünü uygularken tutarlı olmalıdır.

Bu, eğer bir Akıllı Tasarım savunucusu sezgileri kanıt olarak kullanıyorsa, Evrimci argümanların arkasındaki evrensel sezgilere karşı argüman sunduğunda ispat yükümlülüğünü üstlenmek zorunda olduğu anlamına gelir. Evrimci argümanların arkasındaki öznel sezgilere karşı argüman sunarken ise ispat yükümlülüğü yoktur. Gerçek şu ki, bu kitapta daha sonra görüleceği üzere, tüm Evrimci argümanlar büyük ölçüde öznel sezgilere dayanmakta ve bu durum bu argümanları değersiz kılmaktadır.

Bu, aynı zamanda bir evrimcinin sezgileri kanıt olarak kullanırken, yaşamın kaynağı ve çeşitliliği konusundaki bir tartışmada ispat yükümlülüğünün yaşamın tasarlanmadığını iddia eden kişinin üzerinde olacağını akılda tutması gerektiği anlamına gelir. Bunun nedeni, tasarımın sezgisel olmasıdır. Evrimcilerin yapmaması gereken, ama çoğu Evrimcinin yaptığı gibi, kendi argümanlarını kullanırken sezgileri kanıt olarak almaları ancak Akıllı Tasarım savunucularının argümanlarına geldiğinde bu sezgileri bir kenara atmalarıdır. Bu, dürüst olmayan bir "cımbızlama(cherry-picking)"dır.

Bir hususun daha dikkate alınması gerekmektedir. Bir Evrimci, tasarımı sezgisel bulmadığını ancak kötülük problemi veya "çöp DNA" argümanını sezgisel bulduğunu söyleyebilir. Burada akılda tutulması gereken önemli şey şudur: Sezgiler ya objektiftir; bu, onların genel bir şey olduğu ve bunları bilmenin bir yolu olduğu anlamına gelir, ya da öznel dirler; bu da kişinin kişiye değiştiği ve genel olmadığı anlamına gelir. Eğer sezgiler öznel ve kişiden kişiye değişiyorsa, bunlar hiçbir şeyin objektif kanıtı olarak kabul edilemez. Böyle bir durumda, Akıllı Tasarım savunucuları veya Evrimciler tarafından ortaya konan tüm inançlar ve argümanlar temelsizdir ve hiçbir şeyin kanıtı olarak alınamaz.

Ockham'ın usturası

İnançların ve argümanların bir diğer çok yaygın gerekçesi Ockham'ın usturasıdır. Ockham'ın usturası, en basit açıklamanın tercih edilmesi gerektiği ilkesidir. Bu ilkenin birçok versiyonu vardır ve bunları Ockham'ın usturasının Evrimci kullanımı ile örnekler vererek açıklayacağım. Bu kitapta daha sonra bahsi geçecek olan bir şey, Evrimcilerin bazı gözlemsel kanıtlardan yaptıkları neredeyse tüm argümanların Ockham'ın usturasına dayanmasıdır; bu da özellikle bu inanç gerekçesini son derece önemli kılmaktadır.

Ockham'ın usturasının bir versiyonu, en az sayıda öğe içeren açıklamanın en basit açıklama olduğu ve dolayısıyla kanıt yükünün karşıt bir açıklama ileri süren kişinin üzerinde olduğudur. Bu Ockham'ın usturasının versiyonu, Evrim'in gerekçeleştirilmesi için

Evrimciler tarafından kullanılmaktadır. Bu şekilde: Evrim, gerçekliği ve varlığı açıklar. Akıllı tasarım, gerçeklik ve varlık hakkında başka bir açıklama getirir. Ancak Evrimde, bir varlık daha azdır; Evrim'de bir tasarımcı yoktur ve bu nedenle tercih edilmelidir. Bu gerekçe, Ateistler tarafından da kendi Ateizm davalarında sıklıkla kullanılmaktadır.

Bu Ockham'ın usturasının evrim için olan versiyonunun problemi son derece derindir ve bu problemin Evrimciler tarafından nasıl göz ardı edildiği şaşırtıcıdır. Evrimcilere göre, evrensel ortak köken doğruysa, fosil kaydında kanıtı olmayan sayısız geçiş türü vardır. Bu konu bu kitapta çok daha detaylı bir şekilde ele alınacaktır, ancak bu gerçeğe dair bir referans:

"Organik tasarımdaki büyük geçişler arasında ara aşamalar için fosil kanıtlarının yokluğu, hatta birçok durumda işlevsel ara formlar oluşturma konusunda hayal gücümüzde bile yaşadığımız yetersizlik, evrimin aşamalı anlatımları için inatçı ve can sıkıcı bir sorun olmuştur."[8]

İşte evrimcilerin karşılaştığı sorun: Onların, ispat yükümlülüğünün Akıllı tasarımın üzerinde olduğunu öne sürmeleri, bir ekstra öğeye sahip olmasından kaynaklanıyor. Eğer bu mantık kullanılıyorsa, evrimin daha fazla yükümlülüğü vardır çünkü elimizde kanıt olmayan sayısız ekstra öğe bulunmaktadır. Birçok evrimci ve ateist ockhamın usturasının bu versiyonunu kullanmaktan hoşlanıyor, ancak bunun inançları için oluşturduğu bilişsel çelişki ve problemler gerçekten şaşırtıcıdır.

Evrimciler tarafından kanıt olarak kullanılan bir başka Ockham'ın usturası versiyonu ise, başka açıklamalara başvurmadan en çok veriyi tek başına açıklayabilen açıklamanın tercih edildiğidir. Evrimciler bu kavramı şu şekilde kullanıyorlar: Basit fiziksel süreçler, yaşamın ve biyolojinin bazı yönlerini açıklayabilir. Bu, kimsenin inkar etmediği, tartışmasız bir iddiadır. Fiziksel süreçler yaşamın bazı yönlerini açıklayabildiğinden, yaşamın en basit açıklaması, yönlendirilmemiş fiziksel süreçlerin onun ana nedeni olduğudur ve başka bir açıklama, örneğin Akıllı Tasarım'ı öne süren herkes ispat yükümlülüğünü taşımaktadır.

Başka bir şekilde ifade edecek olursak, Evrim daha basittir çünkü onun için yalnızca bir açıklama vardır. Akıllı Tasarım'da ise birden fazla açıklama bulunmaktadır, bu nedenle Ockham'ın usturasını ihlal etmektedir. Bu Ockham'ın usturası versiyonu, Evrensel Ortak Soy için de bir argüman olarak kullanılabilinir. İşte bu şekilde: En azından bazı ortak soy örnekleri vardır. Örneğin, tüm insanlar ortak insan atalarına geri döner. Dolayısıyla en basit açıklama, ortak soyun tüm hayvanlar ve canlılar arasındaki en basit ilişki olduğudur ve ikincil bir açıklama öne süren herkes, örneğin kendiliğinden ani oluşum veya yaratılış gibi, ispat yükümlülüğünü taşır. Bu versiyonun sorunu, Evrensel Ortak Soy'un mantığı ile ilgili bölümde de ele alınacaktır.

Evrimcilerin Ockham'ın usturasını kullandığı üçüncü bir yolu daha vardır. Bu versiyon, bir şeyin nasıl göründüğü o şeyin en basit açıklaması olduğu ve ispat yükümlülüğü alternatif bir açıklama öne süren herkesin üzerinde olduğu anlamına gelir. Bu Ockham'ın usturası versiyonu, sezgi ile oldukça benzerlik taşır. Bu tür bir akıl yürütme, ördek testi adı verilen yaygın bir hepten gidimsel çıkarım (abductive) akıl yürütme formunda görülebilir. Eğer bir şey ördek gibi görünüyorsa, ördek gibi yüzüyorsa ve ördek gibi vaklıyor ise, o muhtemelen bir ördektir. Bu Ockham'ın usturası versiyonu, Evrim için temel argümanlardan birinde kullanılmaktadır. Bu, sözde Evrim'in en güçlü kanıtlarından biri olarak kabul edilmektedir.

Evrensel ortak soydan yana birçok argüman, benzerliğin ortak soy ile eşit olduğu veya canlılar arasındaki sayısız benzerliğin şansa dayanamıyacağı varsayımına dayanmaktadır; bu nedenle bu benzerlikler ortak soydan kaynaklanmaktadır. Burada sadece bir referans vereceğim:

"Moleküler sistematik, ilk olarak Zuckerkandl ve Pauling (1962) tarafından net bir şekilde dile getirilen, genel benzerlik derecesinin akrabalık derecesini yansıttığı varsayımına (büyük ölçüde) dayanır."[9]

Belirli benzerliklerin, ister genetik ister morfolojik olsun, nerelerde bulunduğuna bakarak evrimsel yaşam ağaçları oluşturulabilir. Evrimcilere göre, bu ağaçların aynı veya yaklaşık olarak aynı olması, Evrim için en güçlü kanıtlardan biridir. Bu konu hakkında sadece Richard Dawkins'a atıfta bulunacağım:

"Kıyaslamaya dayalı DNA (veya protein) kanıtı, evrimsel varsayıma dayanarak hangi hayvan çiftlerinin birbirine daha yakın akrabalar olduğunu belirlemek için kullanılabilir. Bunu evrim için son derece güçlü bir kanıt haline getiren şey, her bir gen için ayrı ayrı genetik benzerlikler üzerine ağaçlarının inşa edilebilmesidir. Önemli sonuç, her genin yaklaşık olarak aynı yaşam ağacını sunmasıdır. Bir kez daha, bu, gerçek bir familya ağacıyla uğraşıyorsanız bekleyeceğiniz bir durumdur. Eğer bir tasarımcı tüm hayvanlar âlemini inceleyip en iyi proteinleri seçip — ya da "ödünç alıp" — en uygun olanları bulduysa, bu beklenmeyen bir durumdur."[10]

Bu noktayı netleştiren Dawkins, bir röportajda şunları söylemektedir:

"Aynı aile ağacını elde edersiniz. Artık işlevsel olmayan, sadece vestigial olan genleri alırsanız da aynı aile ağacını elde edersiniz; bunlar hiçbir şey yapmıyor. ... Bu son derece güçlü bir kanıttır. Evrimin doğru olduğunu kanıtladığını söylemekten kurtulmanın tek yolu, akıllı tasarımcının, Tanrı'nın, kasıtlı olarak bize yalan söylemeye kalkıştığını, kasıtlı olarak bizi aldatmaya kalkıştığını söylemektir."[11]

Burada ifade ettiğim nokta için bilmeniz gereken tek şey, Yaşam Ağacı yalnızca evrensel ortak soy doğruysa göründüğü gibi görünmektedir. Dolayısıyla, argüman, evrensel ortak soy ve evrimin varmış gibi göründüğünden, evrensel ortak soy ve evrimin doğru olduğudur. Tüm bu versiyonları aklınızda bulundurun.

Bu Ockham'ın usturası versiyonu, evrimciler için sezgide olduğu gibi benzer sorunlarla karşılaşmaktadır; çünkü eğer argüman yaşamda ortak soy var gibi göründüğü ise, o zaman yaşamın da tasarlanmış göründüğü sonucuna varılır; bu, sezgiler bölümünde referans verilmiştir. Bu Ockham'ın usturası versiyonunu kullanarak, yaşamın bir tasarım ürünü olduğu iddiasına karşı yapılan argümanlarda evrimcilerin ispat yükümlülüğü doğrudan önlerine gelecektir.

Bu, Evrimcilerin Ockham'ın usturasını kullandığı en yaygın üç yoludur. Ockham'ın usturası ile tasarım argümanları arasındaki bağlantı, bu kitabın ilerleyen bölümlerinde tartışılacaktır.

<u>Örtücü Olasılık(blanket possibility)</u>

Bu, Evrim ve Akıllı Tasarım konusundaki tartışmalarda kullanılan argümanlar ve inançların üçüncü gerekçesidir. Felsefe çalışmış birçok kişi, Sezgiler ve Ockham'ın Usturası terimleriyle tanışmıştır. Bu terimler genellikle inançların gerekçeleri ve kanıt olarak kullanılır veya en azından varsayılır ve bu şekilde tanınır. Ancak, başka bir gerekçe türü de yaygın bir şekilde kullanılmaktadır ve ben burada bu gerekçeyi ve sonuçlarını ele alacağım.

Örtücü olasılıktan kastım, herhangi bir şeyin olasılığı sorgulandığında, olasılığın her zaman varsayılan pozisyon olarak kabul edilmesi gerektiğidir ve bir şeyin imkansızlığı için argüman yapan kişi üzerinde ispat yükümlülüğü vardır. Bu örtücü olasılığa yapılan başvuru, sezgiler, Ockham'ın usturası, argümanlar ve deneyim üzerinde öncelik taşıdığı varsayılır.

Elbette, bu, Evrimcilerin istediklerinde keyfi bir şekilde yapılır ve bu pozisyon, Evrimciler istediklerinde bir kenara atılır. Örneğin, birçok Evrimci, yaşamın ve canlılardaki tasarım görünümünün akıllı bir tasarımcı olmadan ortaya çıkabileceğini kabul edecektir. Ancak bu aynı kişiler, bir Akıllı Tasarımcının, acıya neden olacak bir şekilde bir dünya ve canlılar yaratmasının imkansız veya olasılık dışı olduğunu varsayacaklardır.

Bir durumda Evrimciler, örtücü olasılığı sezgilerin üzerinde öncelik vererek kullanıyor, diğer durumda ise bunun tersi geçerlidir. Burada bir tutarlılık yoktur ve Evrimciler, keyiflerine göre örtücü olasılığı öne sürmekte ve istediklerinde bunu bir kenara atmaktadırlar. Bu, açık bir şekilde cherry-picking (cımbızlama) örneğidir.

Bu kitabın okuyucuları en azından, örtücü olasılığın ne zaman öne sürülmesi gerektiği ve ne zaman öne sürülmemesi gerektiği konusunda tutarlı bir standardın olması gerektiği konusunda hemfikir olmalıdır. Bu gerekçenin kullanımına dair örnekler bu kitap boyunca verilecektir. Şu anda, iki örneğe odaklanacağım ama bunlar önemli bir bağlam gerektirmektedir ve bu bağlam, kitabın ilerleyen bölümlerinde son derece önemli olacaktır.

Bu örnekleri anlayabilmeniz için, DNA'nın ne olduğunu ve nasıl işlediğini anlamanız gerekiyor. Bu, bu kitabın ilerleyen bölümleri için de önemli bir konudur. DNA, neredeyse tüm canlı organizmalardaki kalıtsal materyaldir. Bu, ebeveynden yavrulara geçen maddelerdir. Genler, DNA'nın bölümleridir. İki ilgili gen türü vardır. Bir tür gen, proteinleri inşa etmek için gerekli genetik bilgiyi içerir.[12] Ancak, çoğu gen, proteinleri kodlamak veya inşa etmek için kullanılmaz, diğer genleri düzenlemek ve kontrol etmek için kullanılır.[13]

Standart evrimsel teoriye göre, DNA, bilgisayar yazılımı kodu gibi işlev görür ve protein üretimi için talimatları veya kodu içerir. Proteinler, yaşamın yapı taşları olarak tanımlanır. Saçtan ayağa kadar vücutta bulunan büyük, karmaşık moleküllerdir. Vücudun tüm işlevleri için kritik öneme sahiptirler ve hücrelerde gerçekleşen tüm biyokimyasal reaksiyonlarda yer alırlar. DNA ile bilgisayar yazılımı arasındaki benzerlikler, Richard Dawkins gibi Evrimsel biyologlar tarafından bile tanınmaktadır. Bu gerçeğe dair bir referans:

"Watson ve Crick'ten sonra, genlerin kendilerinin, iç yapılarındaki minik nizamı ile, uzun diziler şeklinde saf dijital bilgiler olduğunu biliyoruz. Dahası, bunlar gerçekten dijitaldir; bilgisayarlar ve kompakt disklerin tam ve güçlü anlamında, sinir sisteminin zayıf anlamında değil. Genetik kod, bilgisayarlardaki gibi ikili bir kod değildir, bazı telefon sistemlerinde olduğu gibi sekiz seviyeli bir kod da değildir; dört sembolden oluşan bir dördüncül koddur. Genlerin makine kodu, tuhaf bir şekilde bilgisayara benzer."[14]

Odak nokta, genetik kodun ve bilginin kökeni üzerinedir. Yeni yaşam biçimlerinin ortaya çıkması için büyük bir miktarda genetik bilgi gereklidir. Deneyimlerimize göre, bilgisayar benzeri makine kodu ve programlama dilleri yalnızca akıllı zihinler tarafından üretilir. Bu nedenle, Ockham'ın Usturası'nı kullanarak, canlı organizmalardaki bu tür bir sistemin en basit açıklaması, bu sistemin arkasında akıllı bir zihin olduğudur ve bu tür bilgisayar benzeri bir sistem için kör ve rehbersiz fiziksel süreçler gibi alternatif bir açıklama getiren kişinin üzerinde ispat yükümlülüğü olmaktadır.

Bu durumda, Evrimciler örtücü bir olasılığa müracaatta bulunacak ve belki de böyle karmaşık bir sistemin ve yapının, kör ve rehbersiz süreçler nedeniyle ortaya çıkabileceğini belirteceklerdir. Bunun böyle olduğunu veya böyle bir sistemin rehbersiz ve kör süreçler nedeniyle ortaya çıkabileceğinin mümkün olduğunu kanıtlayamazlar, ancak belki mümkün olduğunu söyleyeceklerdir ve bu örtücü olasılığa müracaat -Evrimciler açısından, makul ve mantıklı olduğunu iddia edeceklerdir.

Ancak, bu aynı kişilere göre, akıllı bir zihinin yaşamın nedeni olabileceğine inanmak için özel bir kanıt gereklidir. Bu örnek, Evrimcilerin nelerin mümkün olduğuna ve ne zaman olasılığa başvurulması gerektiğine dair hiçbir tutarlılık göstermediğini göstermektedir.

Evrimcilerin örtücü olasılığına muraacatını kullandığı ikinci bir örnek vereceğim. Üreme sürecinde, DNA'nın ebeveynden yavrulara geçmesi sırasında, mutasyon denilen DNA'daki küçük değişiklikler meydana gelir. Standart Neo-Darwinci teoriye göre, bu mutasyonlar tamamen rastgeledir ve bu rastgele mutasyonlar, canlı organizmalardaki yeni özelliklerin ve değişimlerin ortaya çıkmasından sorumludur. Bu değişimlerin bazıları, bir organizmaya faydalıdır ve onun hayatta kalmasına yardımcı olur.

Bu faydalı mutasyonlara sahip organizmalar, bu faydalı mutasyonlara sahip olmayan organizmalardan daha fazla hayatta kalma ve üreme eğilimindedir ve birçok nesil sonra, belirli türün hayatta kalan organizmalarının çoğu, ilk olarak faydalı mutasyona sahip olan orijinal organizmadan türediği için bu faydalı mutasyona sahip olacaktır. Bu sürece doğal seleksiyon denir. Bu, Neo-Darwinci evrimin yaşam tarihi boyunca meydana geldiğini belirttiği durumun bir genellemesidir.

Şimdi, mutasyonların mevcut konumuz için neden önemli olduğunu açıklayalım. Bu, bir hayvan beden planının kökenleriyle ilgilidir. Beden planı, bir hayvan şubesine özgü ortak morfolojik özellikler setidir. İşte şube ve beden planları tanımıyla ilgili bir referans:

"'Şubeler(phyla)' (tekil: 'şube'(phylum)) terimi, biyolojik sınıflandırma sistemindeki bölümleri ifade eder. Şubeler, hayvanlar âlemindeki biyolojik sınıflandırmanın en yüksek (veya en geniş) kategorilerini oluşturur ve her biri benzersiz bir mimari, organizasyonel şablon veya yapısal beden planı sergiler. Şubelere örnek olarak, Knidliler (mercanlar ve denizanası), yumuşakçalar (kalamar ve midyeler), derisi dikenliler(echinoderms) (denizyıldızları ve deniz kestaneleri), eklembacaklılar (trilobitler ve böcekler) ve tüm omurgalıların, insanlar dahil, ait olduğu kordalar verilebilir.

Her şube içindeki hayvanlar, taksonomistlerin onları daha da küçük gruplara ayırmalarını sağlayan ayırt edici özellikler sergiler; bu gruplar sınıflar ve takımlar ile başlayarak, nihayetinde aileler, cinsler ve bireysel türlere kadar devam eder. Hayvanlar âlemindeki en geniş ve en yüksek kategoriler—şubeler ve sınıflar gibi—genellikle benzersiz beden planlarını ifade eden ana hayvan yaşamı kategorilerini belirtir. Daha düşük taksonomik kategoriler—cins ve tür gibi—genellikle beden parçalarını ve yapıları organize etme şekli açısından benzer özellikler sergileyen organizmalar arasında daha küçük farklar belirtir."[15]

Standart evrim teorisine göre, antik geçmişte rastgele mutasyonlar ve bu rastgele mutasyonlara doğal seçilimin uygulanması, hayvan beden planlarının değişikliklerine(modifikasyon) ve yeni hayvan beden planlarının evrimine yol açmıştır. Unutulmaması gereken çok önemli bir gerçek var ki. Beden planı, bir hayvanın embriyolojik gelişiminin çok erken aşamalarında oluşturulur. Bazı mutasyonlar, embriyolojik gelişimin erken aşamalarında kendisini gösterirken, bazıları ise embriyolojik gelişimin geç aşamalarında kendisini gösterir. Burada erken ve geç, hayvan beden planının ana hatlarının oluşturulması ile ilgilidir. Akıllı Tasarım savunucusu Stephen Meyer burada sorunu tam olarak açıklamaktadır:

Hayvanların formlarında kayda değer değişiklikler oluşturmak, zamanlamaya dikkat edilmesini gerektirir. Gelişimin geç aşamalarında kendini gösteren genlerdeki mutasyonlar, nispeten az sayıda hücreyi ve mimari özellikleri etkiler. Bunun nedeni, gelişimin geç aşamalarında beden planının temel hatlarının zaten belirlenmiş olmasıdır. Bu nedenle geç etkili mutasyonlar, bir hayvanın formunda veya beden planında herhangi bir kayda değer veya kalıtsal değişiklik oluşturmazlar. Ancak, gelişimin erken aşamalarında kendini gösteren mutasyonlar, birçok hücreyi etkileyebilir ve bu değişiklikler özellikle anahtar düzenleyici genlerde meydana gelirse, kayda değer değişiklikler üretme potansiyeline sahip olabilir. Dolayısıyla, hayvanların gelişiminin erken aşamalarında kendini gösteren mutasyonlar, büyük ölçekli makroevolüsyonel değişiklikler yaratma konusunda muhtemelen tek gerçekçi şansa sahiptir.[16]

Vücut planlarının evrimi için erken mutasyonların gerekliliği, ana akım evrim biyologları tarafından da kabul edilmektedir. Evrimsel genetikçiler Bernard John ve George Miklos'a göre, "makroevolüsyonel değişiklik", "çok erken embriyogenez"deki değişiklikleri gerektirir.[17] Eski Yale Üniversitesi evrim biyoloğu Keith Thomson da, yalnızca organizmaların gelişiminin erken aşamalarında kendini gösteren mutasyonların büyük ölçekli makroevolüsyonel değişikliklere yol açabileceği konusunda hemfikirdir.[18]

Ancak burada bir sorun var. Bu erken etkili mutasyonlar, organizma için her zaman zararlıdır ve bu nedenle doğal seçilim tarafından seçilebilecek faydalı mutasyonlar değildir. Evrim biyoloğu R.A. Fisher, bu tür mutasyonların "etkileri bakımından kesinlikle patolojik (en sık ölümcül)" olduğunu veya organizmanın "doğal durumda hayatta kalamayacağı" sonucunu doğurduğunu açıklamaktadır.[19] Genetikçi John F. Mcdonald bu sorunu "büyük Darwin paradoksu"[20] olarak adlandırmıştır ve sorunu şöyle açıklar:

"Doğal popülasyonlar içinde açıkça değişken olan [genetik] lokuslar, birçok büyük adaptasyonal değişikliğinin temelini oluşturmuyor gibi görünürken, birçok, hatta çoğu büyük adaptasyonal değişikliğinin temeli gibi görünen lokuslar doğal popülasyonlar içinde değişken değildir."[21]

Bu durumun örtücü olasılık ile nasıl ilişkili olduğunu açıklayayım. Evrimciler, tüm karşıt kanıtlara rağmen, erken mutasyonların beden planlarının evrimine yol açabileceğini ısrarla savunacaklardır. Bu, sahip olduğumuz tüm kanıtlara aykırıdır ve dolayısıyla, erken mutasyonların organizmayı zarara uğrattığına dair en basit açıklamayı ve Ockham'ın usturasını ihlal eder. Yine de, tüm bunlara rağmen, Evrimciler örtücü olasılığa başvuracaklardır. Yani, bu durum kendilerine uygun olduğunda, örtücü olasılığa başvurma, Ockham'ın usturasından daha öncelikli hale gelir. Ancak Akıllı Tasarım söz konusu olduğunda, olasılık bile dikkate alınmamaktadır. Bu, Evrimcilerin yaklaşımlarındaki tutarsızlığına dair bir başka örnektir.

Olasılığın ne zaman varsayılması gerektiği ve ne zaman varsayılmaması gerektiği konusunda epistemolojimden bahsetmek istiyorum. Bu konuda pozisyonum oldukça tutarlıdır. Bir örtücü olasılığa başvurmanın, hem sezgilere hem de Ockham'ın usturasına karşı olduğu durumlarda, bu olasılık konusunda şüpheci olmak için çok güçlü bir neden olacaktır ve genel olarak, bu durumlarda, ispat yükümlülüğü sezgilere ve Ockham'ın usturasına aykırı olan kişide olacaktır. Olasılığa başvurmanın yalnızca sezgilere veya Ockham'ın usturasına aykırı olduğu durumlarda, yükümlülük biraz argümantasyona ihtiyaç duyacak ama genel olarak, olasılığa başvurmanın hiçbir sakıncası yoktur. Ancak, örtücü olasılığa başvurmanın ne sezgilere ne de Ockham'ın usturasına aykırı olmadığı durumlarda, ispat yükümlülüğü bir şeyin olasılığınının aleyhinde iddiada bulunan kişide olacak ve olasılık, aksi kanıtlanana kadar doğru olarak varsayılacaktır.

Öngörülerin gerçekleşmesi ve çoklu kanıt hatları

Evrimciler tarafından en sık yapılan iddialardan ve Evrim'i savunmak için en yaygın gerekçelerden biri, Evrim teorisinin birçok kanıt hattına dayandığı ve bu kanıtların Evrim'in yaptığı öngörülerle örtüştüğüdür. İşte bu iddiaya dair bir referans:

Evrim iyi bir şekilde tasdiklenmiştir. Her bir kanıt hattı, tek başına kesin değil olarak değerlendirilebilinir. Ancak, bağımsız araştırma hatları aynı fikre işaret ettiğinde — bu durum "indüksiyonun uzlaşması" olarak bilinir — varılan sonuç çok daha sağlam hale gelir. Evrim teorisi için de durum böyledir (Ruse 2008, 25–51; Rieppel 2011, 127–133).[22]

Bu gerekçeyle ilgili olarak bazı temel soruların ele alınması gerekir. Evrim lehine bir argümanın gücünü değerlendirirken öngörünün ne kadar belirli olması gerekmektedir? Yani, bir gerçeğin Evrim için kanıt sayılması için ne kadar spesifik olunmsı gerekir? Örneğin, birçok Evrimci, milyarlarca yıllık derin zamanın Evrim teorisiyle uyumlu olduğunu öne sürecektir. Ancak, sadece dünyanın milyarlarca yıl yaşında olması, Evrim'in doğru olduğu anlamına mı gelir? Fosil kayıtları gibi daha spesifik kanıtların, derin zaman gibi belirsiz kanıtlardan daha ağır basacağı açıktır. Ancak, ne kadar spesifikliğin gerekli olduğuna kim karar verir?

Ayrıca, belirli bir gözlemin hem Evrim hem de Tasarım ile uyumlu olabileceği sorusu da ortaya çıkar. Bu durumda, neden Evrim'e Tasarım'a göre öncelik vermeliyiz? Bu ilginç bir konu, ancak bu gerekçenin en büyük sorunu bu değildir.

Bu kitap boyunca görüleceği gibi, bu tür akıl yürütmenin en büyük sorunu, Evrim için öne sürülen neredeyse tüm argümanlarda Evrimcilerin öngörülerinin sürekli olarak başarısız olması ve Evrim'e dair problemleri açıklamak için ad hoc açıklamalar geliştirmek zorunda kalmalarıdır. Eğer durum buysa, bu başarısız öngörüler hâlâ Evrim için kanıt sayılır mı? Bu gerekçe, Evrim'e yönelik belli argümanların ele alınacağı bölümlerde çok daha ayrıntılı olarak incelenecektir.

Sonuç

Bu bölüm, Evrimciler ve Akıllı Tasarım savunucuları tarafından sıkça kullanılan temel argümanların gerekçelerini ele almaktadır. Bu gerekçeleri ve her iki tarafın bunları nasıl kullandığını anlamak, tartışmaya tutarlı ve rasyonel bir epistemoloji ile yaklaşmak için önemlidir. Bir sonraki bölümde, kilit tanımlara değinilecek ve bu tartışmanın temelinde yatan bazı önemli varsayımlar incelenecektir.

Tanımlar ve Önemli Kavramlar

Bu bölüm, Evrim ve Tasarım tartışmasına bir giriş sunacak ve ilgili tanımları ile bazı yaygın tartışmada kullanılan noktaları tanıtacaktır.

Evrim ve Tasarım Tanımları

Öncelikle, bu kitabın bağlamında "tasarım" ya da "Akıllı Tasarım" teriminin ne anlama geldiği ile başlayalım. Bu, yaşamın Akıllı Bir Yaratıcı tarafından yaratıldığı veya tasarlandığı ve yaşamın nedeni olan akıllı bir zihin olduğuna dair kanıtların bulunabileceği pozisyonlardır. Bu ikinci kısmı aklınızda bulundurun. Birçok teistik evrimci ve Evrim'i destekleyen Müslümanlar ilk kısma katılacakken, yaşamın nedeni olan akıllı bir zihin olduğuna dair kanıtlar bulabileceğimiz iddiasına karşı çıkacaklardır.

Yaşamın bir Akıllı Yaratıcı tarafından tasarlandığı gerçeği tarih boyunca doğru kabul edilmiş olsa da, bu son 160 yılda böyle olmamıştır. Son 160 yılda, Evrim yaşamın varlığı ve kökeni ile ilgili baskın görüş haline gelmiştir. Özünde, bir tasarımcısı olan yaşamın inancına karşılık, Evrim inancı genellikle yaşamın kör, yönlendirilmemiş fiziksel süreçlerin bir sonucu olarak ortaya çıktığı veya kolayca ortaya çıkabileceği inancını içermektedir. Evrimcilerin inancı sadece yaşamın bir Akıllı Yaratıcı olmadan ortaya çıktığı değil, aynı zamanda Akıllı Bir Yaratıcı olmadan yaşamın ortaya çıkmasının kolayca olabileceği ve aslında muhtemel olduğudur. Evrimciler sadece inançlarının mümkün olduğunu iddia etmekle kalmıyor, aynı zamanda inançlarının muhtemel olduğunu söylüyorlar. Bunu ilerisi için aklınızda bulundurun.

Bir diğer ilgili ve ilişkili kavram ise Hayat Ağacı ve evrensel ortak köken inancıdır. Bu, tüm yaşamın tek bir evrensel ortak ataya dayandığı ve özel yaratımların olmadığı inancıdır. Bu, bir aslanın veya bir bitki türünün herhangi bir ata olmadan var olamayacağı anlamına gelir. Aksine, her canlı varlık birbirleriyle ilişkili olup bu genetik bağlantı ilk evrensel ortak ataya kadar uzanmaktadır. Elbette, Evrim için verilen başka tanımlar da vardır. İşte bir örnek:

Evrim, bir popülasyonun genetik materyalinde zaman içinde meydana gelen değişiklikleri sonucunda ortaya çıkan bir süreçtir. Evrim, organizmaların değişen çevrelerine uyumlarını yansıtır ve genlerde değişiklikler, yeni özellikler ve yeni türlerin ortaya çıkmasına neden olabilir. Evrimsel süreçler, hem genetik çeşitlilikteki değişikliklere hem de zamanla alel frekanslarındaki değişikliklere bağlıdır.[23]

Bu tür tanımlar genellikle Evrimciler tarafından verilmektedir. Ancak akılda tutulması gereken önemli bir nokta var ki. Organizmalara uyum sağlama ve değişim olgusu tartışmalı bir şey değildir. Bu, Dünya'nın 6000 yıl yaşında olduğuna inanan Genç Dünya Yaratılışçıları tarafından bile kabul edilen bir gerçektir.

Bu gerçekle ilgili herhangi bir tartışma veya farklılık yoktur. Evrim ve Tasarım konusundaki tartışmalarda, Akıllı Tasarım teorisyenleri ile Evrimciler arasında genellikle tartışılan konular, bir Akıllı Yaratıcının varlığı veya gerekliliği ile Evrensel Ortak Soydur.

Evrimin Mekanizması ve Modeli

Evrimin mekanizması, bir türün başka bir türe dönüşümünün arkasındaki fiziksel süreçtir. Evrimin en yaygın kabul gören mekanizması Neo-Darvinizm'dir. Ana akım Evrim teorisine göre bu süreçte neler olduğunu kısaca özetleyelim:

Evrimin ayrıntılarını anlamak için genotip ve fenotip arasında bir ayrım yapmak gerekir (Urry ve diğ. 2016, 274). Ebeveynlerin çocuk sahibi olduğu zamana geri dönelim. İnsanların çocuk sahibi olduğunda, ortalama olarak, çocukların ebeveynlerine benzer göründüğünü ancak aynı zamanda farklı olduklarını fark edeceksiniz. Biyoloji bize bunun nedeninin ne olabileceğini açıklar. Tüm biyolojik varlıklar, genler adı verilen temel biyolojik birimlere sahiptir ve bunlar DNA'mızı oluşturur. Bu genler, nihayetinde nasıl görüneceğimizi (örneğin, saç rengi), hangi tür eğilimlerimizin olabileceğini (örneğin, yeme alışkanlıkları) ve sağlığımızı (örneğin, sağlıklı olup olmadığımız veya bir hastalıkla doğup doğmadığımız) belirleyen planları,şablonları içerir. DNA, çocuklara kromozomlar adı verilen paketler halinde taşınır ve genellikle ebeveynlerin karışımını içerir (Urry ve diğ. 2016, 254–268). Bunun yarısı anneden, diğer yarısı ise babadan gelir. Bu dağılım göz önüne alındığında, çocukların ebeveynlerine neden benzer ve aynı zamanda farklı göründüğünü görebiliriz. Bu noktada, genotip ve fenotip arasındaki ayrım yararlı hale gelir. Genotip, biyolojik varlıkların genetik düzeyde ne olduğunu, fenotip ise gözlemlenebilir düzeyde ne olduklarını ifade eder. Genotipin fenotipi oluşturmasına gen ifadesi yada gen ekspresyonu denir (Urry ve diğ. 2016, 335). Örneğin, eğer bir çocuğun siyah saç sahibi olmasına dair bir genetik kodlaması varsa, siyah saçı ifade eder(ortaya çıkarır). Genotiplerin fenotiplere dönüşmesi, biyolojik âlemin her yerinde bulunur.[24]

Neo-Darvinizm'in mekanizması, DNA'nın ebeveynden yavruya geçerken rastgele değişikliklerin meydana gelmesidir ve bunlara mutasyon denir. Bu mutasyonlar, canlı organizmalar arasında yeni ve çeşitli özellikler ve farklılıklar ortaya çıkarır. Bazı canlı organizmalar, diğer organizmalara göre hayatta kalma ve üreme olasılıklarını artıran özellikler kazanacaktır. Dolayısıyla, zamanla bu organizmalar, hayatta kalmalarına yardımcı olan bu özelliklere sahip olmayan organizmalara göre doğada daha fazla hayatta kalma olasılığına sahip olacaktır. Bu süreç doğal seçilim olarak adlandırılır. İşte doğal seçilimi açıklayan bir referans:

Şimdiye kadar, organizma(lar) içindeki kalıtım ve varyasyonu inceledik, ancak dışsal faktörleri göz önünde bulundurmadığımız için bu, tam bir resim değil. Evrimin bir parçası, türlerin bulunduğu çevrenin genel sürece katkıda bulunduğu fikridir. İki tür fare olduğunu düşünelim; siyah fareler ve beyaz fareler, yaşadıkları arazi ise büyük ölçüde siyahtır. Etraflarındaki yırtıcı türlerden biri, onlarla beslenen kartallardır. Bu bağlamda, siyah farelerin hayatta kalma şansı önemli ölçüde daha yüksektir çünkü arazide kolayca kamufle olabilmektedirler. Aksine, beyaz fareler çok belirgin bir şekilde öne çıkacak ve kartallar için kolay hedef haline gelecektir. Bu nedenle, beyaz fare nüfusu, daha kolay yiyecek olarak seçildikleri için azalacak, siyah fare nüfusu ise göreceli ve eş zamanlı olarak artacaktır. Böylece, beyaz farelerdeki beyaz rengi sağlayan genler zamanla yok olacak ve bu da gelecekteki nesillerin siyah renk taşıma olasılığını artıracaktır, çünkü siyah fareler baskın nüfus haline gelmektedir.[25]

Neo-Darvinistler'e göre, doğal seçilimin rastgele mutasyonlar üzerindeki etkisi, tüm çeşitli yaşam türlerinin ve onların çeşitli özelliklerinin birincil sebebidir. Bu, bir türün diğerine nasıl dönüştüğünün ana açıklamasıdır. Son yıllarda, Neo-Darvinizm'den memnun kalmayan ve bunun bir mekanizma olarak başarısız olduğunu düşünen ana akım Evrimsel Biyologların sayısında sürekli bir artış olmuştur. İşte web sitelerinden bir referans:

Çoğu insan, biyolojik çeşitliliğin kökenlerini açıklamak için yalnızca iki alternatif yol olduğuna inanmaktadır. Bunlardan biri, ilahi bir Yaratıcının müdahalesine dayanan Yaratılışçılıktır. Bu açıkça bilimsel değildir çünkü evrim sürecine keyfi bir doğaüstü güç getirir. Genel kabul görmüş alternatif ise, açıkça natüralist bir bilim olan Neo-Darvinizm'dir; ancak, günümüz moleküler kanıtlarının çoğunu göz ardı eder ve kalıtsal varyasyonun tesadüfi doğasına dair desteklenmemiş varsayımlar ortaya atar. Neo-Darvinizm, simbiyogenez, yatay DNA transferi, hareketli DNA'nın etkisi ve epigenetik değişiklikler gibi önemli hızlı evrimsel süreçleri görmezden gelir. Dahası, bazı Neo-Darvinistler, Doğal Seçilimi, gerçek bir ampirik temele dayanmadan, tüm zorlu evrimsel problemleri çözen benzersiz bir yaratıcı güç olarak yüceltmişlerdir. Günümüzde birçok bilim insanı, evrimsel sürecin tüm yönlerinin daha derin ve daha kapsamlı bir şekilde incelenmesi gerektiğini görmektedir.[26]

Mekanizma, yaşam tarihindeki olayların nasıl gerçekleştiğini bize anlatır. Evrimin modeli ise, yaşam tarihindeki olayların ne olduğunu gösterir. Çoğu Evrimciye göre, yaklaşık 3.5 ila 4 milyar yıl önce ortaya çıkan bir ilk canlı organizma vardı ve tüm canlılar bu ilk organizmadan türemiştir. Bu, Evrensel Ortak Soydur.

Burada akılda tutulması gereken çok önemli bir şey var. Evrensel Ortak Soyun kanıtı ile Evrimin mekanizması için kanıt arasında bir fark vardır. Evrensel Ortak Soy için kanıt, Evrimin mekanizması için kanıt değildir. Bunun önemli olmasının nedeni çok basittir.

Yaşam tarihinin modeli ilgili iki olasılık vardır. İlk seçenek, tüm canlıların türediği bir veya daha fazla özgün canlı varlığın olduğu yönündedir. İkinci seçenek ise, farklı türlerin veya canlı gruplarının birdenbire yaratım yoluyla ortaya çıkmasıdır. İlk senaryo, ana akım Evrimsel Biyologlar tarafından geniş bir şekilde kabul edilmektedir. İkinci senaryo ise hiçbir ana akım Evrimsel Biyolog tarafından kabul edilmemektedir. Her iki senaryo da Akıllı Tasarım ile uyumludur. Bir Akıllı Tasarımcı, yaşamı yaratmak için ya Evrensel Ortak Soyu ya da özel yaratımı kullanmış olabilir.

Aklınızda bulundurmanız gereken bir diğer şey ise şudur: Eğer Evrim için geçerli bir mekanizma yoksa, o zaman Evrensel Ortak Soyun veya Evrimin modelinin doğru olduğuna inanmak için hiçbir sebep yoktur. Bunun nedeni şudur: Evrim, bir türün başka bir türe dönüşüm teorisidir. Eğer bu değişimin nasıl gerçekleştiğine dair geçerli bir mekanizma yoksa, o zaman bu değişim basitçe gerçekleşmezdi.

Birçok Evrimci, Evrim için geçerli bir mekanizma olup olmadığına bakmaksızın Evrensel Ortak Soyun doğru kabul edilmesi gerektiğini varsaymamızı ister. Ancak kimse neden böyle yapsın ve geçerli mekanizmalar yoksa Evrim'in gerçekleşmeyeceği gerçeğini göz ardı etsin ki?

Akılda tutulması gereken bir diğer çok önemli nokta da şudur: Çoğu zaman Evrimciler, Evrensel Ortak Soyun sözde kanıtlarını kullanarak yaşamın kör fiziksel süreçlerin bir sonucu olarak ortaya çıktığını ve yaşamın tasarlanmadığını öne sürerler. Bu tür bir argümantasyon için Evrimcilerden birçok örnek, kitabın ilerleyen bölümlerinde verilecektir.

Fiziksel süreçler ve boşluklardaki Tanrı

Hatırlanması gereken en önemli şeylerden biri, fiziksel süreçler ile Evrim arasındaki ilişkidir. Evrimcilerin yaptığı yaygın bir varsayım, bakterilerin antibiyotik direnci geliştirmesi gibi fiziksel süreçlerin, yaşamın kılavuzsuz fiziksel süreçlerin bir sonucu olarak ortaya çıktığını ve yaşamda herhangi bir tasarımın olmadığını kanıtladığıdır. Bu, ele alınması gereken çok yaygın bir varsayımdır.

Varsayım şudur: Eğer Tanrı yaşamı yaratıyorsa, her tür veya belirli türlerden oluşan grupları özel yaratım yoluyla yaratacak ve yaşamın belirli özelliklerinin oluşumunda fiziksel süreçler yer almayacaktır. Bu, Evrimcilerin yaptığı en ahmak varsayımlardan biridir. Bu, aynı zamanda Evrimcilerin yaptığı boşluklardaki Tanrı iddialarıyla da ilişkilidir. Varsayım, Akıllı Tasarımın yaşam hakkında bir açıklama sunduğu, fiziksel süreçlerin ise alternatif ve çelişkili bir açıklama sunduğudur.

Bu, çok basit bir neden için derince bir irrasyonel iddiadır. Diyelim ki bir kek pişiriyorum. Malzemeleri fiziksel süreçler kullanarak toplarım, bunları karıştırmak için belirli fiziksel süreçler kullanırım ve fırında kekin pişmesi için belirli fiziksel süreçler gerçekleşir. Kekin pişirilmesinde fiziksel süreçler yer alır. Ancak, pişirme sürecinde fiziksel süreçler olduğu için, bu, pişirme sürecinde akıllı bir zihnin olmadığı anlamına mı gelir? Bu senaryoda ben, pişirme sürecinde yer alan akıllı zihnim. Bu benzetme, fiziksel süreçlerin Akıllı Tasarımı çürüttüğü yönündeki saçma iddiayı çürütür.

Burada bir şey daha dikkate alınmalıdır. Evrimcilerin mantıkta bir sıçrama yaptığı görülmektedir. Kanıtlar, yaşamın belirli özelliklerine fiziksel süreçlerin sebebiyet verdiğini göstermektedir. Ancak, Evrimciler, bunun yaşamın özelliklerinin kör ve kılavuzsuz fiziksel süreçler tarafından gerçekleştirildiğini gösterdiğini iddia etmektedir. Bu fiziksel süreçlerin kör ve kılavuzsuz olduğu iddiası için hiçbir kanıt sunulmamıştır.

Benzer bir senaryoyu düşünelim. Diyelim ki, Yapay Zeka tarafından işletilen otomatik bir fabrika var ve bu fabrika sürekli olarak belirli ürünler üretiyor. Kurulduktan sonra, bu fabrika tamamen fiziksel süreçleri kullanarak ürünler yapar. Ancak, fabrika düzenli bir şekilde çalışıyor ve fabrikada fiziksel süreçler gerçekleşiyorsa, bu, fabrikanın arkasında veya fabrikanın içindeki fiziksel süreçlerin arkasında akıllı bir zihnin olmadığı anlamına mı gelir?

Bu örnek, sadece yaşamın belirli özelliklerinin fiziksel süreçler tarafından gerçekleştirildiği için bu fiziksel süreçlerin kör ve kılavuzsuz olduğu varsayımını çürütür. Ayrıca, yaşamın kılavuzsuz fiziksel süreçler nedeniyle evrimleştiğini kabul etmeden Evrensel Ortak Soyu kabul edebileceğiniz gerçeğini, bazı önde gelen evrimsel biyologlar tarafından fark edilmiştir. İşte bu gerçeği açıklayan bir referans:

20.yüzyılın önde gelen evrimsel biyologlarından Ernst Mayr, Darwinci evrim teorisini beş ayrı parçaya ayırmaktadır. İlk (1) olarak, evrimin genel tezi bulunmaktadır. Bu, sabit ve değişmeyen bir dünyanın aksine türlerin değişebilirliğini ifade eder. İkinci (2), ortak soy vardır; bu, tüm farklı hayvan türlerinin ortak bir atadan türediği tezidir. Üçüncü (3), kademeli değişim tezidir; bu, türlerin küçük, ardışık ve birikimli mutasyonlarla değiştiğini belirtir. Dolayısıyla, bir mutasyon ile tamamen yeni bir hayvan formunun oluştuğu büyük "sıçramalar" evrimde söz konusu değildir. Dördüncü (4), popülasyonal türleşme tezidir; bu, yeni türlerin mevcut popülasyonlardan değişim yoluyla ortaya çıkabileceğini ifade eder. Beşinci (5), rastgele mutasyonlar üzerinde çalışan doğal seçilimdir - evrimsel adaptasyonları açıklamak için Darwinci mekanizmadır. Mayr'ın da belirttiği gibi, temelde Darwinci evrim teorisinin sadece bazı kısımlarını kabul etmek mümkündür. Örneğin, Darwin'in çağdaşlarından birçok kişi, evrimsel değişimin mekanizması olarak doğal seçilimi kabul etmemiş, ancak ortak soy tezini kabul etmiştir.[27]

Bu varsayımı destekleyen, ele alınması gereken sıkça yapılan bir argüman vardır. Canlılarda çok fazla rastgelelik söz konusudur. Canlıların içinde, canlıların özelliklerini etkileyen birçok rastgele veya görünüşte rastgele süreç gerçekleşmektedir. İşte bununla ilgili bir referans:

"Darwin'in Galapagos Adaları'ndaki türlerle örneklendirilen fenomenlerden hangi tür bir Tanrı çıkarımsanabilinir? Evrimsel süreç, rastlantılar, olasılıklar, inanılmaz israf, ölüm, acı ve dehşetle doludur. – Galapagos'un Tanrısı dikkatsiz, israfçı, kayıtsız, neredeyse insan dışı bir Tanrı'dır. Kesinlikle, kimsenin dua etmeye yatkın olacağı bir Tanrı değildir."[28]

Burada yaşamla ilgili kötülük ve acı sorunlarıyla ilgili tüm sorular, gelecekteki bir kitapta ele alınacaktır. Şimdilik, sadece yaşamla ilgili rastgeleliğe odaklanacağız. Buradaki yanıt, Tanrı'nın nasıl hareket edeceği ile ilgili varsayımlara dayanan her türlü argümanı da kapsar. İddia şudur ki, Tanrı veya Akıllı Bir Tasarımcı yaşamı yaratmak için rastgelelik kullanmaz. Bu, öznel bir sezgiye dayanıyor; bu nedenle değersiz bir iddia olsa da, bu iddianın açık-net bir çürütmesi de vardır.

Bilgisayarda programlama, programcıların yazılım tasarladığı bir tasarım türüdür. Rastgelelik, bilgisayar programlamasında sıkça kullanılır.[29] Tasarımcıların sıkça ve yaygın olarak rastgelelik kullandığı düşünüldüğünde, akıllı bir tasarımcının rastgelelik kullanmayacağı iddiası, bariz bir şekilde yanlıştır ve çürütülmüştür.

Tasarım, bir tasarımcının birden fazla şekilde tasarım yapabileceği için tespit edilemez

Bu, yaşamın tasarlanıp tasarlanmadığı veya yaşamın tasarlanıp tasarlanmadığını bilip bilemeyeceğimizle ilgili bir argümandır. Bu argüman, Elliott Sober adında bir filozof tarafından popüler hale getirilmiştir. Argümanı açıklamak için onu alıntılayacağım:

"Paley'e yönelik eleştirilerimden biri, gözle ilgili tartışmasının Gould'un yaptığı aynı hatayı işlemesidir. Paley, eğer bir akıllı tasarımcı insan gözünü yaratmışsa, bu tasarımcının bize F1 ... Fn özelliklerine sahip gözler vermek isteyeceğini ve bunu yapma yeteneğine sahip olacağını varsayar. Paley, bu olumlu varsayımları benimsemekte Gould'un olumsuz varsayımlarını benimseme hakkına sahip olduğundan fazla hak sahibi değildir. Panda'nın parmağından ya da omurgalı gözden bahsediyor olsak da, hedefler ve yeteneklerle ilgili varsayımları desteklemek için bağımsız bir neden gereklidir (Kitcher 1983; Pennock 1999; Shanks 2004; Sober 1999b).

Aşağıdaki gibi bir argüman ileri sürmek işe yaramaz: "Bakın, göz bir akıllı tasarımcı tarafından yaratılmıştır ve göz F1 ... Fn özelliklerine sahiptir. Dolayısıyla, söz konusu tasarımcı muhtemelen gözün F1 ... Fn özelliklerine sahip olmasını istemiştir ve bu hedefe ulaşma yeteneğine sahipti." Bu akıl yürütme, akıllı tasarım hipotezinin doğru olduğu varsayımında bulunur; ancak bu, tasarım argümanının kanıtlamaya çalıştığı bir şeydir ve bu nedenle argümanın bir önermesi olarak hizmet edemez. Gerekli olan, akıllı tasarımın veya şans hipotezinin doğru olduğuna dair bir görüşe sahip olmadan doğru olduğunu bilebileceğimiz hedefler ve yetenekler hakkındaki bilgidir."[30]

Elliott Sober burada belirli bir iddiada bulunuyor. Tasarım olup olmadığını bilemeyeceğimizi, çünkü tasarımcının niyetlerini veya motivasyonlarını bilemeyeceğimizi söylüyor. Bu iddia yalnızca Sober'in öznel sezgilerine ve duygularına dayanıyor ve bu nedenle kanıt olarak kabul edilemez. Dolayısıyla, bu iddiaya inanmak için bir neden yoktur; ayrıca bu iddianın büyük problemleri de vardır.

Diyelim ki birisi çölde bir kitap buluyor veya arkeologlar eski bir yazıt keşfediyor. Her iki durumda da, yazıtların veya kitabın arkasındaki niyetleri veya motivasyonları bilmemize gerek yoktur. Tasarımı tespit edebiliriz. Yani, bu argüman sadece temelsiz değil, aynı zamanda açık karşı bir örneğe sahiptir.

Evrimcilerden sıklıkla bir cevap verilir; kitabın ve yazıtların insanlara ait olduğunu bildiğimiz için onların arkasındaki motivasyonları bilebiliriz ve bu nedenle tasarımı tespit edebiliriz. Bu iddiada birkaç sorun vardır. İlk olarak, bu ve benzeri evrimci yanıtlar, Akıllı Tasarımcının Tanrı olduğunu varsayıyor gibi görünüyor. Akıllı Tasarımcının Tanrı olduğuna inanıyorum ve bu konuda argümanlarım var, ancak Akıllı Tasarım savunucularının iddiası —ve ben bu iddiayı kabul ediyorum—, yaşamın tasarımcısının özelliklerini veya niteliklerini bilim yoluyla bilemeyeceğimizdir. Bu soru, felsefe ile çözülmelidir.

İkincisi, insanlar aynı niyetlere veya motivasyonlara sahip değildir. İnsanların son derece farklı niyetleri ve motivasyonları olabilir. Motivasyonlar ve niyetler arasındaki bu büyük farklılıklara rağmen, yine de tasarımı tespit edebiliriz. Bu, tasarımı tespit etmek için tasarımcının niyetlerini ve motivasyonlarını bilmemiz gerektiği fikrini çürütür; çünkü yukarıda verilen senaryolarda, insanlar farklı motivasyonlara sahip olsalar da tasarım kolayca tespit edilebilir.

Üçüncüsü, bu bir sonraki bölümde de tartışılacak, eğer evrimciler tasarımı tespit edemiyorlarsa, tasarımın yokluğunu nasıl tespit edecekler? Evrimcilere göre, bilim, yaşamın rehberlik edilmeyen fiziksel süreçler sonucu ortaya çıktığını ve yaşamda herhangi bir tasarımın yer almadığını kanıtlar. Ancak bir sorum var: Eğer tasarımı tespit edemiyorsanız, tasarımın yokluğunu nasıl tespit edeceksiniz? Birçok evrimci, argümanlarının kendi inançları üzerine ne kadar kötü geri teptiğini fark etmiyor gibi görünüyor.

Dördüncüsü, türlerin akıllı tasarımının birçok farklı şekilde gerçekleşebileceği, ancak ortak soy veya evrimin yalnızca bir veya sınırlı sayıda şekilde gerçekleşebileceğine dair gizli bir varsayım olduğu görülüyor. Bu iddia temelsizdir ve evrimcilerin yaşamın birçok farklı şekilde evrimleşebileceği varsayımını çelişkiye sokar. Bu varsayım, bu kitabın üçüncü bölümünde, yakınsak(örtüşük) evrim hakkında konuştuğumda referans verilmiştir.

Bilim ve Yanlışlanabilirlik

Tartışılması gereken bir diğer çok önemli konu, bilim ve yanlışlanabilirlik meselesidir. Evrimcilerin en yaygın savlarından biri, Evrimin bilim olduğu, Akıllı Tasarımın ise bilim olmadığıdır; çünkü Evrim test edilebilir ve yanlışlanabilirken, Akıllı Tasarım test edilemez veya yanlışlanamaz. Evrimcilerden gelen bu iddia, test edilebilirlik ve yanlışlanabilirliğin kanıt açısından son derece önemli olduğunu öne sürmektedir. İşte Evrimsel Biyologların bu tutumunu özetleyen bir referans:

Eğer akıllı tasarım hipotezi, organizmaların kusurlu adaptasyonlara sahip olmasının bir sonucu olarak çürütülmüyorsa, belki de hipotezin sorunu, hiçbir gözlemle çürütülememesidir. Burada, yaratılışçılıkla ilgili yapılmış ikinci standart eleştiriye geliyoruz: test edilemez olduğu. Ama test edilebilirlik ne anlama geliyor? Bilim insanları genellikle filozof Karl Popper'ın (1959) yanlışlanabilirlik kavramını kullanarak cevap verirler ve bunun gereken açıklamayı sağladığını düşünürler.[31]

Popper'ın yanlışlanabilirlik kavramı, bir hipotezin, doğruluğunu kontrol edebileceğimiz tahminler yapmasını gerektirir. Şimdi alıntı yaptığım filozof Elliott Sober, Popper'ın yanlışlanabilirlik kriteriyle hemfikir değildir ve kendi güçlü ve zayıf yönleri olan farklı bir yaklaşımı vardır. İşte o yaklaşım hakkında bir referans:

"Popper'ın yanlışlanabilirlik kriterinin, test edilebilirliği tanımlamak veya yaratılışçılığı eleştirmek için kullanılmaması gerektiği doğru olsa da, ondan çıkarılacak iki ders vardır. Birincisi, test edilebilir bir ifade, ya gözlemlenecek bir şeyi çıkarım yoluyla gerektirmesi ya da bir gözlemsel sonuca olasılık vermesi gerektiğidir. "Yazı tura adil olduğu" hipotezi bu gereksinimi karşılamaktadır. İkinci nokta, test etmeyi karşıt bir biçimde düşünmemiz gerektiğidir (§1.3–1.4); akıllı tasarım iddiasını test etmek, onu bir alternatifle test etmek demektir. "Bir akıllı tasarımcı, omurgalılara gözler vermiştir" ifadesi, omurgalıların gözleri olduğu anlamına gelse de, bu akıllı tasarım hipotezi, omurgalılara göz veren akılsız bir şansa dayalı süreç hipoteziyle test edilirse, iki hipotezin anlaşmazlık gösterdiği tahminleri bulmak gerekmektedir."[32]

Bunlar, yanlışlanabilirlik ile ilgili iki yaygın yaklaşımdır. Karl Popper'ın yaklaşımı, ana akım bilimde yaygın olarak kabul edilmektedir. Ancak, akılda tutulması gereken bir şey var ki bir şeyin yanlışlanabilir veya belirli bir hipotez için bilimsel kanıt olabilmesi için, eğer keşfedilirse hipotezi veya en azından onun için yapılan argümanı çürütecek belli bir kanıtın olması gerekmektedir. Örneğin, fosil kaydının Evrim için bir kanıt olarak kullanılabilmesi için, eğer ortaya çıkarsa Evrim için yapılan argümanı çürütebilecek bazı kanıtların olması gerekir. İşte test edilebilirlik ve yanlışlanabilirlik hakkında bir referans:

"Popper, yanlışlamayı üç teoriyi karşılaştırarak açıklar: Sigmund Freud'un psikanaliz teorisi, Alfred Adler'in psikanaliz teorisi ve Albert Einstein'ın görelilik teorisi. Popper'a göre, ilk iki fikir bilimsel değildir, sonuncusu ise güvenilir bir bilimsel teoridir. Gerekçesi şu şekildedir: Freud ve Adler'in psikanalitik teorileri o kadar geniştir ki, kendini doğrulayıcı hale gelirler. Bu, her iki teori çerçevesinde değerlendirilen herhangi bir verinin bir şekilde teoriyi desteklemesi anlamına gelir; bu, çelişkili veri noktaları olsa bile geçerlidir.....

Buna karşın, Popper, Einstein'ın görelilik teorisinin farklı olduğunu düşündü. Ayrıntılara girmeden, Einstein'ın genel görelilik teorisi basit bir tahminde bulunuyordu: Işık, güneş gibi ağır gök cisimlerinin etrafında eğilir. Eğer öyleyse, bu test edilebilir ve 1919'da ışığın gerçekten de gök cisimlerinin etrafında eğildiği bulunduğunda bu tam olarak gerçekleşti. Einstein'ın teorisi ile Freud ve Adler'in psikanalitik teorileri arasındaki fark, Einstein'ın yanlışlanmaya açık olması ve üzerine atılan her şeyi yutmamasındandır. Popper'ın tanımladığı şey bu yanlışlanabilirliktir (Popper 2002, 57–73)."[33]

Evrim için belli her bir kanıtın yanlışlanabilirliği, o kanıta adanmış özel bölümde tartışılacaktır. Şimdi Evrim'in, yaşamın yönlendirilmemiş fiziksel süreçlerin bir sonucu olarak ortaya çıktığına dair spesifik iddiasına geçeceğim ve bu iddianın yanlışlanabilir olup olmadığını tartışacağım.

Tüm modern bilim, metodolojik natüralizm ilkesini varsayar. İşte bu konuyu açıklayan bir referans:

"Bilim, metodolojik natüralizme dayanır: evrende neden-sonuç ilişkilerini araştırırken yalnızca doğal nedenlere ve etkilere odaklandığımız, Tanrı'yı veya doğaüstüyle ilgili herhangi bir şeyi gündeme getirmediğimiz fikri. Felsefi natüralizm, gerçekten Tanrı'nın veya doğaüstü bir şeyin olmadığını savunan bir inançtır. İkincisi, ateistlerin sahip olduğu bir inançtır; ilki ise bilimsel süreci yöneten bir çalışma varsayımıdır. Metodolojik natüralizm, felsefik natüralizmi gerektirmez."[34]

İşte bu varsayımın Evrim ve Tasarım tartışması üzerindeki etkisini açıklayan bir Evrimsel Biyologtan bir referans:

"Tüm veriler bir akıllı tasarımcıyı işaret etse bile, böyle bir hipotez natüralist olmadığı için bilim dışıdır. Elbette, bir birey olarak bilim insanı natüralizmi aşan bir gerçeği benimsemekte özgürdür."[35]

İşte bunun neden önemli olduğu. Evrimcilerin görüşüne göre, Tasarım ve Evrim meselesi bilim temelinde çözülmelidir. Ancak bu konunun tamamen bilime kök saldığına inanmıyorum. Her iki tarafın da yaptığı birçok felsefi varsayım ve argüman var. Fakat bu, çoğu Evrimcinin varsayımıdır. Aynı kişiler, Akıllı Tasarımın asla bilim tarafından kanıtlanamayacağını veya kabul edilemeyeceğini, hatta bunun için kanıt olsa bile, iddia etmektedirler. Bunu aklınızda bulundurun.

Şimdi yanlışlanabilirliğe geri dönelim. Evrimci iddia, yaşamın kör ve yönlendirilmemiş fiziksel süreçlerin bir sonucu olarak ortaya çıktığıdır. Eğer bu iddia çürütülürse, ne kanıtlanır? Akıllı Tasarım. Ama evrimcilere göre, bu asla olamaz. Dahası, evrimci iddiayı kanıtlamanın tek yolu, Akıllı Tasarımı çürütmek olacaktır. Ancak evrimcilere göre, bu da mümkün değildir.

Bu nedenle, evrimcilerin kendilerinin kullandığı kriterlere göre, onların iddiası bilim değildir ve kanıtlanmamıştır ve asla kanıtlanamaz. Açık olmak gerekirse, evrimciler evrimin yanlışlanabilir olduğunu ve evrim için yapılan argümanların test edilebileceğini ve çürütülebileceğini iddia etmektedirler. Bu evrimci iddiayı ve evrim için yapılan spesifik argümanları değerlendireceğiz.

Sonuç

Bu bölüm, evrimcilerin bazı temel ve sorunlu varsayımlarını ele almakta ve mevcut tartışmayla ilgili bazı önemli tanım ve kavramlara değinmektedir. Daha fazla bağlam gerektiren diğer varsayımlar, bu kitap boyunca tartışılacaktır.

Evrensel Ortak Soyun Mantığı

Evrensel ortak soy, tüm canlıların yaklaşık 4 milyar yıl önce yaşamın başlangıcında var olan tek bir organizmadan türediği inancıdır. Bu inanç, neredeyse tüm ana akım evrimsel biyologlar tarafından desteklenmektedir. Ancak, tek bir atadan yaşamın ortaya çıkmasının olası olmadığını savunmaya başlayan evrimsel biyologların artan bir azınlığı bulunmaktadır. Onlar bunun yerine, tüm canlıların birkaç farklı orijinal atadan geldiğini savunmaktadır. Bu bölüm, yalnızca evrensel ortak soya odaklanacaktır. Bunun nedeni, bu iki görüşün de çok benzer olması ve destekleyici argümanlarının benzerliğidir.

Bu senaryoların hiçbirinde bitkiler ve hayvanlar öncesinde ataları olmadan var olamaz. Bu senaryoların her ikisinde de önceden birçok evrimsel süreçler gerçekleşir ve bitkiler ile hayvanlar basit tek hücreli organizmalardan türetilir. Evrensel ortak soy, Batı akademisinde yaygın olarak kabul edilen bir gerçek olarak görülmektedir. Evrensel ortak soyun reddi, düz dünya teorisine inanmakla benzer bir şekilde algılanmaktadır. Neo-Darvinizmi sorgulayan evrimsel biyologlar bile evrensel ortak soyu güçlü bir şekilde savunmaktadır. İşte bir referans:

"Neo-Darvinizmi savunanlar ve diğer bilimsel alternatifler ilk soru üzerinde tartışmıyorlar, ancak ikinci soru üzerinde farklı görüşlere sahiplerdir (Rogers 2011, 3). Başka bir deyişle, çoğu biyolog ortak soy düşüncesini savunmaktadır (Glansdorff ve diğ. 2008; Koonin ve Wolf 2010; Theobald 2010). Dolayısıyla, sorgulanan şey Neo-Darvinist paradigmadır, evrimin kendisi değil. Evrim, çoklu önerme içeren bir teoridir, bu nedenle anlaşmazlığın ne üzerinde olduğunu kabul ederken dikkatli olunması gerekmektedir (Huskinson 2020, 149–151). Daha önce belirtildiği gibi, tartışmanın noktası evrimin neden-sonuç mekanizmaları üzerindedir, ortak soy üzerinde değil."[36]

Temel Mantık

Bu bölüm, evrensel ortak soy için öne sürülen yaygın argümanların temel mantığı ve kanıtlarıyla ilgilenecektir. Evrensel ortak soy için diğer argümanlar, ilgili bölümlerde analiz edilecektir. Evrensel ortak soyun temel mantığı ve kanıtı, canlılar arasında sayısız benzerlikler bulunmasıdır. Bu benzerliklerin tesadüfen ortaya çıkma olasılığı son derece düşüktür. Dolayısıyla, bu benzerliklerin en iyi açıklaması, ortak bir atadan miras alınmış olmalarıdır. Birçok evrimci bilim insanının bu gerçeği reddetmeye çalıştığını gördüğüm için, ana akım evrimci filozoflar ve bilim insanlarından birden fazla referans sunmaya çalışacağım. İşte bu gerçeğe dair ilk referans, filozof Elliott Sober'dan:

"Eğer tüm bu türlerin ortak bir atası varsa, o ortak atadan türeyen soylar aynı özellik değerine sahip olarak başlamış olmalıdır. Bu durum, omurgalıların kamera gözlere sahip olmasının açıklanmasının, diğer grupların neden farklı göz türlerine sahip olduğu ve bazılarının ise hiç gözünün olmadığı sorusunu açıklamakla doğrudan bağlantılı olduğunu gösterir. Ortak soy tezinin evrimsel düşünce için ne kadar merkezi olduğu göz önüne alındığında, bu iddiayı destekleyen kanıtların toplandığı geniş bir literatür beklenebilinir. Aslında, bu konu tartışılmakla birlikte, üzerine yazılan literatür pek de geniş değildir. **Çoğu evrimci için farklı türlerin paylaştığı benzerlikler, onların ortak atalara sahip olduğunu açıkça göstermektedir ve bu konu üzerinde daha fazla kafa yormaya gerek görülmemektedir.** Evrimsel biyolojide daha fazla dikkat çeken soybilimsel soru ise, çeşitli türlerin birbirleriyle nasıl ilişkili olduğu, ilişkili olup olmadıkları değildir."[37]

İşte Elliott Sober'dan bu noktaya dair bir başka referans. Bu referans, Darwin'in düşüncesinde ve Evrimsel Biyoloji tarihinde benzerliklere ilişkin varsayımın önemini göstermektedir:

"Benzerlik, ergo ortak ata. Bu tür argümanlar Darwin'in yazılarında o kadar sık geçer ki, buna modus Darwin denmeyi hak eder. Galapagos Adaları'ndaki ispinozlar birbirine benzer; dolayısıyla, ortak bir atadan türemişlerdir. İnsanlar ve maymunlar birbirine benzer; dolayısıyla, ortak bir atadan türemişlerdir. Örnekler yalnızca Darwin'in düşüncesinde değil, günümüze kadar gelen evrimsel düşüncede de bolca mevcuttur (Sober 1999a)."[38]

Bazı durumlarda, evrimsel biyologlar belirli benzerlik örneklerine bakar ve bunları evrensel ortak soya dair kanıt olarak gösterirler. Yaygın bir örnek, canlıların genetik kodudur. İşte bu örnekle ilgili ana akım evrimsel biyologlardan bazı referanslar:

"Bundan yola çıkarak, her canlının, dış görünüş bakımından diğerlerinden ne kadar farklı olursa olsun, gen düzeyinde neredeyse aynı dili 'konuşması' son derece önemli bir gerçektir. Genetik kod evrenseldir. Bunu, tüm organizmaların tek bir ortak atadan türediğine dair neredeyse kesin bir kanıt olarak görüyorum. **Rastgele 'anlamlar' sözlüğünün ayni sekilde iki kez ortaya çıkma olasılığı, neredeyse hayal edilemeyecek kadar düşüktür.**"[39]

"Yeryüzündeki tüm yaşam, tek bir ortak atadan evrimleşmiştir. Bunu biliyoruz çünkü dünyadaki tüm yaşam, aynı kodlama molekülünü, yani DNA'yı kullanır ve aynı moleküler yapıya sahiptir: DNA, RNA'yı kodlar ve RNA, hayatın yapı taşları olan proteinleri üretmek için bir araya gelen aynı 20 amino asidi kodlar."[40]

Argümanın mantığının ayrıntılarına girmeden önce, genetik kodla ilgili önemli bir noktayı belirtmem gerekiyor. Artık genetik kodun evrensel veya tek tip olmadığını biliyoruz. Genetik kod, organizmaların büyük çoğunluğu için aynı olsa da, birçok farklı varyant genetik kod da bulunmaktadır. Bu, evrim teorisinin öngördüğü ama yanlış olduğu ortaya çıkan şeylere bir örnektir. Bu ve diğer çürütülmüş öngörüler, kitabın ilerleyen bölümlerinde ele alınacaktır. İşte bu öngörünün yanlışlandığına dair bir referans:

"Genetik kodun evrensel olmaması ve intronların varlığı tamamen beklenmedikti ve genetik kodu inceleyen tüm araştırmacıların varsayımlarına ters düştü. Bu keşifler, açık konuşmak gerekirse Monod yanıldı – Escherichia coli için geçerli olan her şey, her bakımdan bir fil için de geçerli değildir."[41]

Başarısız öngörülerle ilgili bu nokta önemlidir ve kitabın ilerleyen bölümlerinde ele alınacaktır. Şimdi, asıl argümana geri dönelim. Burada hatırlanması gereken çok önemli bir şey var ki bu evrim argümanı, en iyi açıklamaya çıkarım (inference to the best explanation) türünde bir argümandır. Bu, bir gözlemin –bu durumda canlı organizmalardaki benzerliklerin– ele alındığı ve olası açıklamaların analiz edilerek hangisinin gözlemlenen olguyu en iyi açıkladığının belirlendiği anlamına gelir. İşte bu tür akıl yürütmeye dair genel bir referans:

"Bu argümanların temel mantığının, C. S. Peirce tarafından tanımlandığı üzere, genel olarak "abdüktif" olduğu düşünülmektedir. Buradaki fikir, eğer ampirik kanıtlarımız, bir hipotezin doğru olması durumunda makul bir şekilde beklenebilir bir durum oluyorsa, bu durumun bize bu hipotezi destekleyen bir kanıt sunduğudur. Peirce bu mantığı şu şekilde formüle eder:

1. Şaşırtıcı C olgusu gözlemlenir.

2. Ama A doğru olsaydı, C doğal olarak meydana gelirdi.

3. Dolayısıyla, A'nın doğru olduğuna dair bir şüphe vardır.

Birçok kişi, bunun birçok bilim dalında temel çıkarım biçimi olduğunu düşünmektedir; Darwinci evrim teorisi de standart bir örnektir. Örneğin, eğer tüm hayvanların ortak bir atası varsa, o zaman biyolojik benzerliklere sahip olmalarını bekleriz. Biyolojik benzerlikler vardır, bu nedenle ortak soy hipotezini kabul etme konusunda bir gerekçemiz vardır. Bu tür abdüktif akıl yürütmeler başarısız olabilir çünkü aynı kanıt birkaç farklı hipoteze uyum sağlayabilir. Pratikte, abdüktif açıklamalarda (hipotezler) değerlendirme, açıklayıcı güç, kapsam, zaten kabul edilmiş teorilerle uyum, verimlilik, kesinlik, birleştirici güç gibi çeşitli farklı kriterler üzerinden yapılır."[42]

Bu, evrensel ortak soy argümanının arkasındaki temel akıl yürütmedir. Evrimcilerin iddiası, bu benzerliklerin şansa bağlı olarak ortaya çıkma olasılığının düşük olduğudur; bu nedenle, bu benzerliklerin ortak soydan kaynaklanmaktadır. Bu akıl yürütme, önceki sayfadaki Richard Dawkins'ten verilen referansta görülebilir. İşte bu konuda Elliott Sober'dan bir referans:

"Modus Darwin, gözlemlenen benzerlikten ortak ata çıkarımı, hemen ilgi çekicidir. Bir anlık düşünme, bunun bir olasılık çıkarımının yapısına sahip olduğunu düşündürür. **İki organizmanın veya iki türün ortak ebeveynlere sahip olduğu konusundaki güvenimiz, iki dilin veya iki metnin ortak bir ataya sahip olduğu konusundaki güvenimizle aynı türden bir gerekçeye sahiptir. Eğer iki nesne bağımsız olarak ortaya çıkmışsa, gözlemlenen benzerlik büyük bir tesadüf oluşturur; oysa benzerlik, ortak bir neden varsa daha az sürpriz verici olur.**"[43]

Bu referansların, evrimcilerin evrensel ortak soy için öne sürdükleri ana argümanın, canlılar arasındaki benzerliklere dayandığını kanıtlamak için yeterli olduğunu düşünüyorum. Argüman, bu benzerliklerin şansa bağlı olarak ortaya çıkmasının son derece olası olmadığıdır. Bu nedenle, bu benzerliklerin en iyi açıklaması, ortak soydan kaynaklandıklarıdır.

Bu benzerlikler için en az dört olası açıklama vardır: şans, fiziksel zorunluluk, ortak soy veya ortak tasarım. Bu bölümün geri kalanı, bu açıklamaların tümünü analiz edecek ve hangi açıklamanın en iyi olduğunu belirleyecektir. Bu analiz, Bölüm 1'de açıklanan inançların dört gerekçesinin analizine de dayanacak ve bu gerekçelerin bu açıklamaları nasıl desteklediğini inceleyecektir.

Aklınızda bulundurmanız gereken bir şey var ki birçok evrimci de ateisttir. Bu, tüm evrimcilerin ateist olduğu veya evrimin Tanrı inancıyla uyumsuz olduğu anlamına gelmez. Ancak birçok evrimci ateisttir ve ben, evrimcilerin kullandığı epistemoloji ve inanç gerekçelerini analiz etmek için Tanrı'nın varlığına dair bazı argümanları kullanacağım ve bu argümanların ve inançların ne kadar tutarlı olduğunu inceleyeceğim.

<u>Şans</u>

Bu, canlılar arasındaki benzerlikler için öne sürülen ilk olası açıklamadır. Bu açıklama, canlılardaki tüm benzerliklerin rastgele şansa veya tesadüfe bağlı olduğunu belirtir. Bunun mantıklı bir açıklama olduğunu düşünmüyorum ve evrimcilerin de daha önce verilen referanslardan görülebileceği gibi bunun mantıklı bir açıklama olduğunu düşünmediğini söyleyebilirim. Ancak evrimcilerin epistemolojisinde büyük sorunlar bulunmaktadır ve şansı bir açıklama olarak reddetmeleri, argümanları ve inançlarıyla tutarsızdır ve mantıksızdır. Bunun birçok nedeni vardır.

Analiz edeceğim ilk neden, evrenin ince ayarıyla ilgilidir. Bu, Fizik'te çok önemli bir kavramdır ve Tanrı'nın varlığına dair tartışmalarda sıkça ele alınır. Bu konu ile ilgili sadece bir referans vereceğim:

"Sadece dostça bir gezegende değil, aynı zamanda dostça bir evrende yaşıyoruz. Varoluşumuzdan yola çıkarak, fizik yasalarının yaşamın ortaya çıkmasına izin verecek kadar dostça olması gerektiği sonucu çıkar. Gece gökyüzüne baktığımızda yıldızları görmemiz bir tesadüf değildir, çünkü yıldızlar, kimyasal elementlerin çoğunun varlığı için gerekli bir ön koşuldur ve kimya olmadan yaşam olamaz. Fizikçiler, fizik yasaları ve sabitleri biraz olsun farklı olsaydı, evrenin yaşamın imkansız olacağı şekilde gelişeceğini hesaplamışlardır. Farklı fizikçiler bunu farklı şekillerde ifade etseler de, sonuç her zaman hemen hemen aynıdır."[44]

Kısa bir özet: Eğer evrensel sabitler ve yasalar biraz farklı olsaydı, evrenimiz karmaşık yaşamın varlığına izin vermezdi. Bu sabitlerin ve yasaların karmaşık yaşamın var olmasına olanak tanıyan bu kadar kesin ve olasılığı düşük değerlere sahip olması, evrenin ince ayarı (fine-tuning) olarak adlandırılır. Bu ince ayar, Tanrı'nın varlığına dair son derece güçlü ve yaygın bir argümandır.

Ateistler arasında popüler olan ve Batı akademisinde yaygın olarak kabul edilen bu argümana verilen en yaygın yanıtlardan biri çoklu evren (multiverse) teorisidir. Bu yanıt, sonsuz sayıda evrenin olduğunu belirtir. Dolayısıyla, eğer evrenimizin ince ayar olasılığı düşükse, sonsuz veya neredeyse sonsuz sayıda evren varsa, böyle koşullar en az bir evrende muhtemelen ortaya çıkacaktır.[45] Buradaki mantık, sonsuz sayıda evren göz önüne alındığında, her şeyin gerçekleşebileceği veya her şeyin şansa bağlı olarak açıklanabileceğidir; bu, ne kadar olasılığı düşük olursa olsun.

İşte, ince ayar için makul bir açıklama olarak çoklu evreni kabul eden evrimcilerin karşılaştığı sorun. Herhangi bir sonsuz çoklu evrende, her şey —ne kadar olasılığı düşük olursa olsun— kolaylıkla meydana gelebilir ve şansa bağlı olarak açıklanabilir. Eğer durum böyleyse, o zaman evrimcilerin olasılık temelli tüm argümanları otomatik olarak çürütülür. Bunun nedeni, sonsuz bir çoklu evrende, hiçbir şeyin olasılığının düşük olmamasıdır.

Bu, evrimcilerin tutarsız epistemolojisi ve çift standartları için bir örnektir; ancak bu sorun, ince ayar için makul veya mantıklı bir açıklama olarak çoklu evreni kabul eden evrimcilerle sınırlıdır; bu, kabul edilebilir ölçüde birçok evrimci ve Batı akademisinde çalışan insanları kapsamaktadır. Ancak, çoklu evren hipotezini kabul eden veya bunun mantıklı olduğunu düşünen insanlarla sınırlı olmayan, evrimcilerin ve canlılar arasındaki benzerlikleri açıklama olarak şansın, karşılaştığı başka bir sorun daha vardır.

Evrim için tarihsel olarak en yaygın ve geleneksel argümanlardan biri, derin zaman (milyarlarca yıl anlamına gelir) içinde her şeyin mümkün olduğudur ve dolayısıyla, evrimin neredeyse kaçınılmaz olduğudur. Bunun anlamı, gözlerimizin önünde büyük evrimsel değişimlerin gerçekleştiğini görmesek de, milyarlarca yıl verildiğinde her şeyin gerçekleşebileceğidir. Bu, yaşamın yönlendirilmemiş fiziksel süreçler aracılığıyla ortaya çıkabileceği inancının yaygın bir gerekçesi olarak kullanılmaktadır. Yeterince zaman verildiğinde, her şeyin olabileceği iddia edilmektedir ve dolayısıyla milyarlarca yıl verildiğinde, yaşam yönlendirilmemiş fiziksel süreçler nedeniyle ortaya çıkabilir.

Aklınızda bulundurmanız gereken önemli nokta şudur: Bu, evrimcilerden gelen, bu iddiayı destekleyecek herhangi bir hesaplama, tartışma veya kanıt içermeyen genel bir argümandır. Sadece sezgiye dayanmaktadır. Şimdilik, evrimcilerin sezgiyi kanıt olarak kullanma sorununu göz ardı edebiliriz.

Evrimcilerin milyarlarca yıl gerekçesini kullandıkları başka bir yol vardır. Evrim için ileri sürülen sözde birçok argümanda, evrim teorisi doğruysa son derece olasılığı düşük olan belirli durumlarla karşılaşılır. İşte bu olasılıklarla ilgili, biyocoğrafya ile ilgili bu olasılıklardan birini belirten bir referans:

"Beklenmeyen okyanus dağılımının diğer örnekleri, Afrika'dan Güney Amerika'ya maymunlar, Yeni Zelanda'dan Chatham Adaları'na uçamayan böcekler, Hint Okyanusu'nda kamaleonların birden fazla dağılımı, birkaç başka amfibi durumu ve daha tartışmalı olarak, Yeni Zelanda'ya uçamayan ratit kuşlarıdır. Darwin'in amfibilerin asla tuzlu suyu geçmeyeceğini düşünerek yanıldığı görünse de, bu durumlar büyük evrimcinin genel mesajını pekiştirmektedir: Yeterince zaman verildiğinde, pek olası görünmeyen birçok şey gerçekleşebilir."[46]

Bu sorunu biyocoğrafya bölümünde ayrıntılı olarak tartışacağız. Şimdilik bilmeniz gereken şey, bu durumun eğer evrim doğruysa, olası olmayan bir şeyin tekrar tekrar meydana gelmesidir. Evrimcilerin yanıtı, yeterince zaman verildiğinde, herhangi bir olasılığı düşük şeyin gerçekleşebileceğidir. İşte evrimciler için sorun.

Eğer milyarlarca yıl verildiğinde her şey gerçekleşebilir ve yaşam yönlendirilmemiş fiziksel süreçler aracılığıyla ortaya çıkabilir ise, o zaman neden milyarlarca yıl süren yönlendirilmemiş fiziksel süreçler, canlılar arasındaki tüm benzerlikleri üretemez? Milyarlarca yıl, son derece olasılığı düşük olayları açıklamak için geçerli bir gerekçe midir, yoksa değildir midir? Bu gerekçeyi istediğinizde ileri süremez, istemediğinizde ise göz ardı edemezsiniz. Bu, evrimci argümanların ters tepmesi ve evrimcilerin dürüstlüğünü ve çift standartlarını ortaya çıkarması açısından başka bir örnektir.

Bu bölüm, evrimcilerin canlılar arasındaki benzerlikleri açıklama olarak şansı reddetmelerinin sorunlarını vurgulamaktadır. Ben de canlılar arasındaki benzerliklerin açıklaması olarak şansı kabul etmiyorum, ancak benim şansı reddedişim ile evrimcilerin şansı reddedişi arasındaki fark, benim reddimin, mümkün olanın ne olması gerektiğine dair tutarlı bir epistemolojiye dayanmasıdır; bunu fiziksel zorunlulukla ilgili bölümde tartışacağım. Evrimcilerin reddi ise, inançlarının genel problemlerini ortaya çıkaran tutarsız ve çaresiz bir epistemolojiye dayanmasındandır.

Fiziksel Zorunluluk

Bu, canlılar arasındaki benzerliklerin ikinci olası açıklamasıdır. Bu açıklama, canlılar arasındaki benzerliklerin olmamasının fiziksel olarak imkânsız veya en azından son derece olası dışı olduğunu belirtir.

Hatırlanması gereken önemli şey şudur: Canlılar arasındaki benzerliklerin ya da evrenin ince ayar yapılmış sabitlerinin olası olmaması yalnızca, bu canlıların bu benzerliklere sahip olmamasının veya sabitlerin farklı değerlere sahip olmasının mümkün olduğunu varsaydığımızdandır. Eğer bunun imkânsız olduğunu varsayıyorsak, o zaman bu sabitlerde ya da benzerliklerde herhangi bir olasılık dışı bir şey yoktur.

Bir kez daha ince ayar problemiyle ilgili bir yanıtı örnek olarak vereceğim. Batı akademisinde yaygın bir yanıt, bu sabitlerin zarûrî olduğu yönündedir ve bu, birçok evrimci tarafından mantıklı ve makul bir yanıt olarak kabul edilmektedir; bu, sabitlerin farklı değerlere sahip olmasının imkânsız veya son derece olası dışı olduğunu ifade eder.[47] Bu durumda, evrimcilerin öylesine bu sabitlerin farklı değerlere sahip olmasının imkânsız olduğunu varsaymak istedikleri açıktır.

Benzerlikler durumunda ise evrimciler, canlıların farklı olmasının veya bu benzerliklere sahip olmamasının mümkün veya olası olduğunu öylesine varsaymak istiyorlar. Her iki durumda da, evrenin farklı değerlere sahip olabileceğini veya bu benzerliklerin var olmayabileceğini kanıtlayacak bir yol yoktur. Ancak evrimciler, istediklerinde her şeyin mümkün olduğu varsayımına başvurmayı ve istediklerinde imkânsızlık varsayımını yapmayı tercih ediyorlar; bu da onların epistemolojisindeki tutarsızlık ve dürüstsüzlüğü tekrardan göstermektedir.

Yakınsak Evrim

İlerlemeden önce, bu bölüm boyunca sıkça karşılaşacağımız ve fiziksel zorunlulukla ilgili önemli sonuçları olan önemli bir noktayı tartışmamız gerekiyor. Evrimcilere göre, canlılar arasında ortak ata nedeniyle oluşan son derece fazla sayıda benzerlik bulunmaktadır. Ancak, ortak atadan kaynaklanmayan, yine son derece fazla sayıda benzerlik de vardır. Bunlara "yakınsak evrim" örnekleri denir.[48] Bu olayı detaylı bir şekilde inceleyeceğim çünkü ortak atadan ve ortak tasarımdan bahsederken bu konu gündeme gelecek. Unutulmaması gereken önemli bir şey, yakınsak evrimin nadir bir fenomen olmadığıdır. Tüm canlı organizmalarda yaygındır. Bu gerçeğe dair bir referans:

"Yaşamın evrimi, evrenin geometrisi, doğanın fiziksel sabitleri tarafından o kadar mı kısıtlandı ki, sonucu öngörülebilir? Yoksa o kadar çok alternatif evrimsel yol mümkün mü ki, yaşamın evrimsel seyrini asla tahmin etmek mümkün olmayacak? Her türün morfolojik olarak diğer her türden farklı olduğu ve her türün doğada kendine özgü bir ekolojik rol veya niş üstlendiği bir evreni kolayca gözümüzde canlandırabiliriz. Ancak o evren mevcut değildir. Bunun yerine, her düzeyde, yaşam formlarının dışsal şekillerinden, oluşturulduğu moleküllere kadar, doğadaki ekolojik rollerinden, zihinlerinin işleyiş şekillerine kadar evrimde benzeşmenin yaygın olduğu bir evrende yaşıyoruz."[49]

Başlangıçta ve tarihinin çoğu boyunca, evrimciler yakınsak evrimi, tesadüfen ortaya çıkan olasılığı düşük benzerlikler olarak görmüşlerdir ve yakınsak evrim, çoğu evrimci tarafından beklenmeyen veya olası bir durum olarak kabul edilmemiştir. Birçok modern evrimci bu gerçeği kabul etmek istemiyor, ancak bu, çok basit nedenlerden dolayı doğrudur. Evrimciler her zaman benzerlikleri ortak ata ile ilişkilendirmişlerdir ve ortak ata dışındaki nedenlerden kaynaklanan benzerliklerin ortaya çıkması her zaman olasılığı düşük bir durum olarak görülmüştür. Bu, evrimin başarısız bir tahminine örnektir, ancak birçok evrimci bu gerçeği inkar etmeye çalışacaktır. İşte Darwin'in yakınsak evrim hakkındaki görüşüne dair bir referans:

"Charles Darwin, elektrikli balıklardaki elektroresepsiyonun yakınsak evrimini o kadar alışılmadık ve o kadar olasılığı düşük buldu ki, bunu

"Türlerin Kökeni hakkında" adlı eserinde doğal seçilim teorisi tarafından açıklanması zor olduğu şeyler listesine dahil etti: "Elektrik organları başka ve daha ciddi zorluk sunar; çünkü bunlar yalnızca yaklaşık bir düzine balıkta bulunur ve bu türlerin bazıları akrabalık ilişkileri bakımından oldukça uzaktır. Genellikle, aynı organ birkaç üye arasında göründüğünde, özellikle de çok farklı yaşam alışkanlıklarına sahip üyelerde, varlığını ortak bir atadan miras alınmasına atfedebiliriz; ve bazı üyelerde bulunmamasını ise işlevsiz kalma veya doğal seçilim yoluyla kayba bağlayabiliriz. Ancak elektrik organları tek bir eski atadan miras alınmış olsaydı, tüm elektrikli balıkların birbirine özel olarak akraba olmasını beklerdik" (Darwin 1859, 193). Bugün, balıklardaki elektro duyusal organların yakınsak dağılımının Darwin'in fark ettiğinden çok daha yaygın olduğunu ve bunların memelilerde de yakınsak olarak ortaya çıktığını biliyoruz. Uzak akrabalara sahip hayvanlardaki elektro duyusal organların yakınsak evrimi, doğal seçilim sürecinin aktif bir örneği olarak görülmekte ve doğal seçilim teorisi için bir zorluk oluşturmak yerine, işlevsel kısıtlama olarak değerlendirilmektedir (Zakon ve Unguez 1999, Hopkins 2008)."[50]

Yakınsak evrim hakkındaki görüş sadece Darwin ile sınırlı kalmamıştır. Bu, alanın tarihi boyunca evrimsel biyologlar arasında baskın bir görüş olmuştur:

"Dolayısıyla, artık yaygın bir kanıya göre yaşam tarihi, bir grubun sonunu getirirken başka bir şanssızlar güruhuna fırsat kapılarını açan feci kitlesel yok oluşlarla noktalanan tesadüfi bir karmaşadan biraz daha fazlasıdır. Tarihin sayısız tesadüfü ve sonsuz sayıda değişken koşulun bir araya gelmesi, evrimsel sürece bir model bulma çabalarını gülünç bir egzersiz haline getirmektedir. S. J. Gould'un inandığı gibi yaşam tarihinin kaydını yeniden oynatın ve nihai sonuç tamamen farklı bir biyosfer olacaktır. Özellikle, insan gibi bir varlığın hiçbir benzeri olmayacaktır, bu da galaksinin ötesinde herhangi bir biyosferin de diğerlerinden bi o kadar farklı olması gerektiği düşüncesini pekiştirir:

belki karanlık çamurlarda sürünen şeyler, ancak kesinlikle müzik veya gülme seslerinine dair bir umut asla olmayacaktır. Ancak evrim hakkında bildiklerimiz, tam tersine işaret etmektedir: yakınsaklık her yerdedir ve yaşamın kısıtlamaları, çeşitli biyolojik özelliklerin ortaya çıkmasını oldukça olası, hatta kaçınılmaz hale getirir."[51]

Bu biyologlara göre, yakınsak evrim esasen şansa bağlıydı. Bu biyologlara göre, yakınsak evrimin sıkça bir nedeni olarak görülen bir şey, benzer çevresel koşullardır. Bu, saf bir tesadüften farklıdır, ancak yine de bu kitapta tanımlandığı gibi fiziksel zorunluktan daha çok şansa benzerdir. Ancak, çevresel koşullara bağlı olduğu yönündeki yakınsak evrim iddiası, evrimcilerin yalnızca bir geçici iddiasıdır; bu açıklamayı desteklemek için bazı çalışmalar alıntılansa da, bu açıklamaya karşı da alıntı yapılabilecek bazı çalışmalar bulunmaktadır.[52]

Bir ad hoc açıklama, beklenmedik veya olası olmayan bir gerçeğin keşfi sonrasında uydurulan bir açıklamadır. Bunun ad hoc bir açıklama olmasının nedenleri, bu bölümde yakında incelenecek olan, canlı organizmaların farklı olma olasılığıyla ilgili pozisyonu ile ilgilidir. Evrimcilerin ortak tasarımın, canlı organizmalar arasındaki benzerlikler için ad hoc bir açıklama olduğu yönündeki iddiaları yaygındır. Bu iddia, bu bölümde daha sonra ele alınacaktır.

Son zamanlarda, bazı evrimsel biyologlar arasında, yakınsak evrimin yaygın doğası nedeniyle bunun şansa bağlı değil, fiziksel zorunluktan kaynaklandığını savunmaya yönelik bir eğilim vardır. İşte bu biyologlarla ilgili bir referans:

"Bununla ilgili iki şey söylenebilir. İlk olarak, bilimsel açıdan bakıldığında, bazı savunucular evrimin gidişatının, Gould'un öne sürdüğü kadar açık uçlu olmadığını iddia ediyor. Birçok gelişmeler, hangi tür özelliklerin (nihayetinde) var olabileceğini otomatik olarak sınırlayan fiziksel ve biyolojik kısıtlamalara işaret etmektedir. (McGhee 2008). Bir özelliğin, birden fazla evrimsel yol boyunca evrim yoluyla üretilmesine "yakınsak evrim" denir ve bu durum yaygın gibi görünmektedir. Örneğin, yaşamın kaydını geri sararsak, kaçınılmaz olarak bazı biçimlerde gözlerin (ister ilkel ister gelişmiş olsun) ortaya çıkacağını göreceğiz. Gerçekten de, kendi evrimsel tarihimizde, gözlerin birbirinden bağımsız farklı hatlar boyunca evrim boyunca bulunmuş. Bu bunun kaçınılmazlığını göstermektedir (Morris 2003, 147–196). Bu, elbette, yalnızca bir örnek ve literatürde daha pek çok örnek bulunmaktadır (Morris 2003, 283–310; McGhee 2011). Ancak bunun teleolojinin daha belirgin hale geldiğine işaret edip etmediği tartışmalıdır (Morris 2008)."[53]

Şimdi yakınsak evrimin doğru açıklaması nedir tartışmasına girmemin nedeni, ortak tasarım ve ortak köken bölümünde açıklanacaktır. Yakınsak evrim örneklerinin şansa, çevresel koşullara veya fiziksel zorunluluğa dayandırılabileceğini düşünmüyorum.

Birleşik evrimin şansa dayandırılamamasının nedeni, şans ile açıklanacak çok fazla yakınsak evrim örneği olmasıdır. Bu, bu kitapta sunulan referanslarda görülebileceği gibi, yaygın bir fenomendir. Çevresel koşulların veya fiziksel zorunluluğun yakınsak evrimi açıklayamamasının nedeni, her iki durumda da genel bir imkansızlık veya olasılık dışı varsayımının bulunmasıdır.

Çevresel koşullar açıklaması, canlıların çevrelerine birden fazla şekilde uyum sağlayamayacağının olasılıksız, mantıksız veya imkansız olduğunu varsayar. Fiziksel zorunluluk açıklaması ise, bu benzerliklerin var olmamasının veya canlı organizmaların farklı biçimlerde var olmasının imkansız veya olasılık dışı olduğunu varsayar.

Bu imkansızlık veya olasılık dışı varsayımı evrimciler için sorunludur çünkü benzerliklerin ortak kökenden kaynaklandığına dair tüm argümanları, canlı organizmaların çok farklı olabileceğini ve benzerliklere sahip olmalarının gerekmemesi gerektiğini varsayarak temellendirilmiştir. Epistemolojimde imkansızlık veya olasılık dışı varsayımının sorunlu olmasının nedeni, bu canlıların sahip oldukları benzerliklere sahip olmamalarının veya olduklarından farklı olmalarının sezgiye aykırı olmamasıdır. Onların bu benzerliklere sahip olmamaları Ockham'ın usturasını da ihlal etmez.

Bu nedenle, canlı organizmaların farklı olabileceğini veya benzer çevrelere farklı şekillerde uyum sağlayabileceğini varsaymanın imkansız veya olasılık dışı olduğunu düşünmek için hiçbir gerekçe yoktur. Hem benim yaklaşımımda hem de evrimci yaklaşımda varsayılan durum, bu organizmaların farklı olabileceği veya çevrelerine farklı şekillerde uyum sağlayabileceği yönündedir. Bu nedenle, fiziksel zorunluluk veya şans, yakınsak evrim örnekleri için açıklama olarak başarısızdır.

Ortak Soy ve Ortak Tasarım

Şimdi canlı organizmalardaki benzerlikler için olası son iki açıklama olan ortak kök ve ortak tasarımı inceleyeceğiz. Bu iki açıklamanın birlikte ele alınması gerekiyor. Bu açıklamaların karşılaştırmasına girmeden önce, ortak tasarımın canlı organizmalardaki benzerlikler için neden en azından makul bir açıklama olduğunu incelemek istiyorum.

Evrimciler genellikle ortak tasarımın canlı organizmalardaki tüm benzerlikler için ad hoc bir açıklama olduğunu ve bu benzerliklerin akıllı tasarım doğruysa beklenmedik veya olasılık dışı olacağını iddia eder. Bu, çok basit bir sebepten ötürü mantıksız ve irrasyonel bir iddiadır. Deneyimimize göre, tasarımcıların, üreticilerin, imalatçıların veya yazarların bir ürünü tasarlarken, üretirken, imal ederken veya yazarken, genellikle bir tasarımcının eserlerinde benzerlikler olur.

Örneğin, bir bilgisayar programlayıcısı veya yazılım geliştiricisi birden fazla yazılım ürünü tasarladığında, yapılan farklı ürünlerde benzerlikler genellikle bir programcı tarafından kolayca görülebilinir. Bir yazar birden fazla kitap veya metin yazdığında, farklı eserler arasında stilometrik veya dilsel benzerlikler vardır. Aynı şey, farklı resimler yapan bir sanatçı, farklı binalar inşa eden bir mimar veya farklı ürünler tasarlayan bir imalatçı için de geçerlidir. Yani deneyimimize göre, farklı şeyler arasındaki benzerliklerin ortak bir tasarımcının eylemlerinden kaynaklanabileceği açıkça makuldur.

Artık akıllı tasarımın en azından olası ve makul bir açıklama olduğunu bildiğimize göre, ortak soyu ve ortak soyun canlılar arasındaki benzerlikler için makul bir açıklama olduğuna dair kanıt ve gerekçeleri incelememiz gerekiyor. Evrimcilerin ortak soyu makul bir açıklama olarak gerekçelendirmek için genellikle iki yaklaşımı vardır.

Birinci yaklaşım, Akıllı tasarımı yaşam için bir açıklama olarak dışlamaya çalışmaları ve ardından bu benzerliklerin şansa veya fiziksel zorunluluğa bağlı olamayacağını savunarak, dolayısıyla ortak soydan kaynaklanmak zorunda olduğunu iddia etmeleridir. Bu kitapta Akıllı tasarıma yönelik bazı itirazları ele aldım ve burada da bazı önemli itirazları ele alacağım.

Evrimcilerin Akıllı tasarımı bir açıklama olarak dışlamaya çalışacağı birçok yol vardır. Evrimcilerin bunu yapmasının bir yolu, akıllı tasarımın mümkün olduğunu iddia etmek için kanıtlara ihtiyaç olduğunu söylemektir. Tartışmanın her iki tarafında da kullanılan epistemolojiye göre, sezgilerin veya Ockham'ın usturasının inançlar için bir gerekçe olarak alınıp alınmadığına bakılmaksızın, akıllı tasarım makul ve mantıklı bir açıklamadır. Bu nedenle, mantıklı bir insanın bu evrimcilerin iddiasını ciddiye almak için bir nedeni yoktur.

Evrimcilerin akıllı tasarımı dışlamaya çalışacağı bir başka yol ise şudur: Rehberlik edilmeyen fiziksel süreçlerin yaşamın en azından bazı özelliklerini veya yönlerine neden teşkil ettiğini görüyoruz. Canlılarda akıllı tasarımın gerçekleştiğini görmüyoruz, bu nedenle, akıllı tasarımın yaşamın özellikleri veya yönleri için mantıklı, makul veya hatta mümkün bir açıklama olduğunu iddia eden kişinin üzerinde ispat yükümlülüğü vardır.

Evrimcilerin bu iddiasına çok basit bir yanıt vardır. Yaşamın bazı özelliklerinin veya yönlerinin fiziksel süreçlerin neden olduğunu görüyoruz. Bu gerçeğe dair bir referans:

"Evrimsel biyolog Mark Ridley, Darwinci evrim teorisi için dört ana kanıt çizgisini özetlemektedir. Birinci (1) olarak, organizmalardaki küçük ölçekli değişiklikler doğrudan gözlemlenebilir. Bu durumda, geçmişteki organizma değişikliklerinin, günümüzde gözlemlenen aynı evrimsel mekanizmalarla açıklanabileceği sonucuna varılır."[54]

Bu süreçlerin rehberlik edilmeden ve kör bir şekilde mi gerçekleştiği yoksa akıllı tasarım tarafından mı meydana geldiği, ampirik olarak gözlemlenmiş veya gözlemlenebilecek bir şey değildir. Bu nedenle, evrimcilerin bu argümanı çürütülmüştür. Eğer evrimciler, akıllı tasarımı makul bir açıklama olarak değerlendirmek için ampirik kanıtlara veya gözlemleyebileceğimiz kanıtlara ihtiyacımız olduğunu iddia edeceklerse, o zaman aynı mantığı kullanarak, yaşamın rehberlik edilmeyen fiziksel süreçlerle ortaya çıktığının da ampirik kanıt gerektirdiğini söyleyebiliriz.

Ayrıca, canlılarda fiziksel süreçler yoluyla meydana gelen çok az değişiklik gözlemlenmiştir. İddia edilen evrimin çoğu, evrimciler tarafından evrimin gerçekleştiğini gerçekten gözlemlemeden çıkarım yapılarak elde edilmiştir. Evrimcilerin mantığını uyguladığımızda, evrimin gerçekleştiğini kanıtlamak için canlılarda meydana gelen büyük dönüşümlerin ve değişimlerin gözlemsel kanıtını sunmak zorunda kalacaklardır. Bu, asla yapamayacakları bir şeydir. Eğer evrimciler bu kriteri ciddiye almıyorsa, o zaman başka biri neden ciddiye alsın?

Evrimcilerin akıllı tasarıma karşı argüman geliştirmelerinin bir diğer yolu, yaşam ile tasarlanmış maddi nesneler arasında üreme gibi belirli farklılıklar olduğunu iddia etmektir. İddia, bu farklılıklar nedeniyle yaşamın akıllı tasarım olmadan ortaya çıkabileceğinin makul olduğu yönündedir. İşte bu argüman için bir referans:

"Ancak, biyolojik yapılar kelime anlamıyla makineler olarak düşünülmemelidir, çünkü bu metafor bazı açılardan yanıltıcı olabilir. **Örneğin, insan yapımı makineler üreme yeteneğine sahip değildir ve dolayısıyla evrimleşemezler.** Pigliucci ve Boudry, makine metaforunun terk edilmesi veya en azından büyük bir dikkatle kullanılması gerektiğini savunmaktadır, çünkü bu metafor biyolojik makinelerin tasarlanmış olması gerektiği sonucuna varmayı çok kolay hale getirmektedir."[55]

Bu argümanda iki sorun vardır. Öncelikle, bu, sadece örtülü bir olasılığa başvurma durumudur. Reprodüksiyon(üreme) nedeniyle yaşamın tasarım olmadan ortaya çıkmasının mümkün veya olası olduğu varsayılmaktadır. Böyle temelsiz ve örtülü olasılığa müracaatların sorunları, bu kitapta daha önce tartışılmıştır. İkincisi, canlıların üremesi, canlıların karmaşıklığını artırarak akıllı tasarıma olan ihtiyacı artırmakta, bu ihtiyacı azaltmamaktadır. Dolayısıyla bu, birçok açıdan geçersiz bir argümandır.

Evrimcilerin akıllı tasarımı dışlamak için bir başka yolu, yaşamın tasarımının kusurlu ve kötü olduğunu iddia eden bazı kötü tasarım argümanları ortaya koymaktır veya kötüyle ilgili bir problem üzerine kurulu argümanlar geliştireceklerdir. Bu argümanlar gelecekteki bir kitapta ele alınacaktır, ancak bu argümanlar evrimi veya yaşamın tasarım olmadan ortaya çıktığını kanıtlayamaz. Bunun nedeni, tasarımcının kusurlu veya kötü olmasının düşünülebilir olmasıdır. Bunun doğru olduğuna inanmıyorum, ancak bunlar düşünülebilir seçeneklerdir.

En iyi ihtimalle, bu argümanlar tasarımcının mükemmel olmadığını veya tasarımcının kötü olduğunu kanıtlayabilir. Bu argümanlar, yaşamın bir akıllı tasarımcı tarafından yaratıldığı veya sebeb olduğu iddiasını çürütmez. Elbette, bu argümanlar zayıf ve kolayca çürütülebilinir, bunu gelecekteki bir kitapta göstereceğim. Evrimcilerin, canlılar arasındaki benzerliklerin nedeni veya açıklaması olarak akıllı tasarımı dışlamaya çalışacakları yollar bunlardır.

Evrimcilerin ortak soyu kanıtlamak için benimseyecekleri ikinci yaklaşım, sezgileri veya belirli bir Ockham'ın usturası versiyonunu kullanarak bu benzerliklerin sezgisel veya aşikâr açıklamasının ortak soydan kaynaklandığını savunmaktır. Bu argümanı ele almadan önce, akılda tutulması gereken önemli bir şey vardır.

Bu kitabın birinci bölümünde, tasarımın sezgisel olduğuna dair çok sayıda referans verdim. Ayrıca, evrimcilerin bu argüman için kullandığı Ockham'ın usturası versiyonunun da akıllı tasarımı destekleyip haklı çıkardığını gösterdim. Bu kitabın ikinci bölümünde, ortak soy ile akıllı tasarım arasında bir çelişki olmadığını gösterdim.

Eğer evrimciler sezgi veya bu Ockham'ın usturası versiyonunun ortak soy için yeterli bir kanıt olduğunu düşünüyorlarsa, o zaman bu da akıllı tasarım için yeterli bir kanıttır ve evrimcilerin, bu gerekçeleri akıllı tasarımın kanıtı olarak reddetmek için hiçbir gerekçeleri yoktur.

Şimdi bu argümanı ele alalım. İddia, canlıların benzerliklerine bakıldığında, ortak soyun bariz veya sezgisel olduğudur. Bu iddia evrimciler tarafından sürekli olarak dile getirilmektedir. İşte Richard Dawkins'in bu argümanı dile getirdiği bir referans:

"Aynı aile ağacını elde edersiniz. İşlevini yitirmiş, sadece kalıntı olan genleri alırsanız da aynı aile ağacını elde edersiniz, bunlar hiçbir şey yapmıyor. ... Bu, son derece güçlü bir kanıttır. Evrimin doğru olduğunu kanıtladığını söylemekten kurtulmanın tek yolu, akıllı tasarımcının,

Tanrı'nın, bize kasıtlı olarak yalan söylemeye niyetlendiğini veya kasıtlı olarak bizi yanıltmaya çalıştığını söylemektir."[56]

Evrimcilerin iddiası, canlılardaki benzerliklerin ve bu benzerliklerin iç içe geçmiş hiyerarşilerinin ortak soy izlenimini verdiğidir. İşte bu argümanı ortak soy kanıtı olarak açıklayan bir referans:

"İnsanlar ile dünyadaki diğer yaratıklar arasındaki benzerlik rastgele değildir, belirli bir desene uyar. Örneğin, yaşayan ve soyu tükenmiş primatları, insanlara olan benzerlik derecelerine göre düzenlediğimizde, bir hiyerarşi oluştururlar: İnsanlar ve Homo habilis, örneğin, birbirleriyle son derece benzerler – tasarımımızın birçok yönü neredeyse özdeşdir – ve her ikisi de şempanzelerden daha benzerler; insanlar ve şempanzeler de çok, çok benzerler ve her biri gorillerden daha fazla benzerlik gösterir; bu desen orangutanlar, gibbonslar vb. için de devam eder.

Bu hiyerarşik benzerlik deseni, diğer organizma gruplarında da görülmektedir: Gruplar, kendi üst düzey hiyerarşik desenlerini oluştururlar. Primatlar grubu, diğer memelilere, sürüngenlerden daha benzer; primatlar ve sürüngenler, amfibyenlerden daha benzer, vb. Benzerlik derecelerine göre düzenlendiğinde, tüm yeryüzü biyolojik çeşitliliği, insanlar dahil, kusurlu bir hiyerarşi hiyerarşisi – "iç içe geçmiş hiyerarşi" – oluşturacak şekilde tanımlanabilir. Bu hiyerarşideki bazı yaratıklar, primatlar gibi, belirli yönlerden insanlar ile neredeyse özdeştir; en farklıları bile – deniz bakterileri gibi – aynı biyokimyasal yapı taşlarını paylaştığımızdan hala önemli bir benzerlik gösterir.

Bu tür bir iç içe geçmiş hiyerarşi deseninin tüm yaşam formlarına evrensel (veya en azından neredeyse evrensel) olup olmadığı ya da bu desenin benzerlik desenlerinin en iyi veya tek tanımı olup olmadığı, insan kökenleri sorusuyla sadece gevşek bir şekilde ilgilidir. Buradaki genel nokta, insanlar ile diğer yaratıklar arasında büyük bir benzerlik derecesinin mevcut olduğudur ve bu benzerlik en azından bir hiyerarşiye yaklaşmaktadır. Hiyerarşi, özellikle insanlara en benzer olan yaratıklara, yani primatlara odaklandığımızda daha net bir şekilde görülmektedir. Dolayısıyla, tüm yaratıklar arasındaki benzerliklerin düzenli bir iç içe geçmiş hiyerarşi yerine karmaşık bir çalı benzeri yapı oluşturması durumunda bile, insanlara en benzer yaratıklarla sınırlı kaldığımızda hala bir hiyerarşi deseni gördüğümüz gerçeği dikkate değerdir."[57]

Şimdi bu argümanı ele alacağım. Bu benzerliklerin ve benzerlik desenlerinin Darwin'den çok önce uzun bir süredir bilindiğini akılda tutmak önemlidir. İşte bu gerçeğe dair bir referans:

"İnsanlar yüzyıllardır organizmaları bu şekilde sınıflandırmaktadır ve sonuç, iç içe geçmiş bir hiyerarşidir: Nergisler ve hayvanlar, canlılar setinde yer alır; midyeler ve omurgalılar, hayvanlar setinde yer alır; kurbağalar ve kuşlar, omurgalılar setinde yer alır; ve kızılgerdanlar ile ispinozlar, kuşlar setinde yer alır. Yüzyıllar boyunca, çoğu insan bu iç içe geçmiş hiyerarşinin ilahi bir yaratım planını yansıttığına inanmıştır. On sekizinci yüzyılda bitkileri ve hayvanları cins ve türlerine göre adlandırarak ve sınıflandırarak modern taksonomi biliminin kurucusu olan İsveçli biyolog Carl von Linné (Latinceleştirilmiş adı: Linnaeus) de buna inanıyordu."[58]

İşte bunun neden önemli olduğu: İnsanların bu benzerlikleri Darwin'den çok önce bildiği ve bunları ortak soy olarak çıkarsamadıkları gerçeği, ortak soyla ilgili sezgilerin evrensel bir sezgi olmadığını gösteriyor; aksine, bu sezgiler belirli bir zaman ve çevrede yaşayan insanlara özgü birer subjektif sezgidir.

Bu tür sezgiler kanıt olarak alınamaz çünkü kişiden kişiye ve kültürden kültüre değişirler ve dolayısıyla birbiriyle çelişirler. Bu benzerliklerle ilgili hangi sezgilere güvenmeliyiz? Bu benzerliklerin ortak tasarımdan kaynaklandığını düşünen Linnaeus gibi birine mi, yoksa bu benzerliklerin ortak soydan kaynaklandığını düşünen Darwin gibi birine mi? Doktrinleştirme ve modern duyarlılıklar dışında, bir kişinin sezgisini diğerine tercih etmek için hiçbir neden yoktur. İşte bu yüzden öznel sezgilere dayanan bir argüman ölü bir argümandır.

Artık yaşam formlarındaki benzerliklerin açıklamaları olarak hem ortak kökeni hem de ortak tasarımı tartıştığımıza göre, ortak tasarımın benzerliklerin daha iyi bir açıklaması olduğu konusunda çok basit bir argüman vardır ve bu argüman, evrimcilerin kendilerinin evrim davasında kullandığı bir Ockham'ın usturasının versiyonuna dayanmaktadır.

Evrimcilerin Ockham'ın usturasını kullandığı bir yol şudur: Rehbersiz fiziksel süreçler, yaşamla ilgili en azından bazı şeyleri açıklayabilir. Dolayısıyla, yaşamın en basit açıklaması, sadece rehbersiz fiziksel süreçlerden kaynaklanmasıdır ve ek açıklamalar, örneğin Akıllı Tasarım gibi, getiren kişinin ispat yükümlülüğü vardır. Bu bölümde evrimcilerin bu akıl yürütme çizgisi ile ilgili sorunları daha önce tartıştım. Şimdi, evrimciler için bu çizginin yarattığı en büyük soruna bakalım.

Evrimcilere göre, yaşam formlarındaki benzerliklerin çoğu ortak kökenden kaynaklanmaktadır. Ancak, evrimcilerin kendi sözlerine göre, yaşam formlarındaki benzerliklerin gerçekten çok büyük bir kısmı ortak kökenden kaynaklanamaz. Bunlara yakınsak evrim vakaları denir. Bu konuyu, bu bölümde daha önce derinlemesine ele almıştık.

Eğer ortak köken, evrimcilerin ortak kökenden kaynaklandığını söyledikleri benzerliklerin açıklaması olarak kabul edilirse, o zaman evrimcilerin ortak kökenden kaynaklanmadığını söyledikleri tüm benzerlikler için başka bir açıklama getirilmelidir. Ancak, ortak tasarım, evrimcilerin ortak kökenden kaynaklandığını düşündükleri tüm benzerlikleri ve evrimcilerin ortak kökenden kaynaklanmadığını düşündükleri tüm benzerlikleri tek başına açıklayabilir.

Bu nedenle, evrimcilerin kendilerinin kullandığı bir Ockham'ın usturası versiyonunu kullanarak, ortak tasarım, yaşam formlarındaki tüm benzerlikler için ortak kökenden daha iyi ve daha basit bir açıklamadır. Evrimciler için bu sorunun üstesinden gelmek mümkün değildir. Evrim davası, bu Ockham'ın usturası versiyonuna bağlıdır ancak bu versiyon, evrensel ortak kökenin temel argümanını kesin bir şekilde çürütmektedir.

Ortak tasarımın benzerliklerin açıklaması olarak kabul edilmesine karşı son bir itiraz daha vardır. Bu itiraz, evrimcilerin ortak kökenin ortak tasarımdan daha iyi bir açıklama olduğunu savundukları bir argümandır. İtiraz, bir akıllı tasarımcının yaşamı, bu benzerlikleri içeren ya da içermeyen birçok farklı şekilde tasarlamış olabileceğidir. Ancak, ortak köken bu benzerlikler mevcut olmadan gerçekleşemez. Dolayısıyla, bu benzerlikler ortak köken tarafından, ortak tasarımdan daha iyi bir şekilde açıklanır.

İşte bu itirazın varsaydığı şey. Evrensel ortak kökenin bu benzerlikler olmadan imkansız veya en azından olası olmadığı, ancak tasarımın benzerliklerle ya da benzerlikler olmadan kolayca gerçekleşebileceğidir. İki önemli soru sormak gerekir. Birincisi, tasarım bu benzerlikler olmadan gerçekleşebilir mi yoksa bu olası mı? İkincisi, ortak köken bu benzerlikler olmadan gerçekleşebilir mi yoksa bu olası mı?

Bu itirazla ilgili birçok sorun vardır. İlki, tasarımcının nasıl hareket edebileceği veya hareket etmeyi seçeceği konusunda sezgilere dayanmasıdır. Evrimciler, Tanrı'nın veya bir akıllı tasarımcının nasıl hareket edeceğini düşündükleri tek bir evrensel yol varmış gibi davranmak istiyorlar. Bu, iki nedenden dolayı doğru değildir. Birincisi, insanlar tarih boyunca Tanrı'nın nasıl hareket edeceğine veya etmelisine dair farklı inançlara sahip olmuşlardır. Bu, dünya genelindeki birçok farklı dini inançta açıkça görülmektedir.

İkincisi, dünyamızda tasarımcıların nasıl davrandığına baktığımızda, farklı ürünlerin veya nesnelerin tasarımında büyük farklılıklar vardır. Eğer durum böyleyse, akıllı bir tasarımcının nasıl hareket edeceği veya tasarımın nasıl yapılması gerektiği konusunda evrensel bir sezgi yoktur. Bu akıl yürütme tamamen subjektif sezgilere dayanmaktadır, bu da onu değersiz kılar.

Bu itirazla ilgili ikinci sorun, ortak tasarımın benzerlikler olmadan gerçekleşebileceği veya gerçekleşmesinin olası olduğu, ancak ortak kökenin yalnızca bu benzerlikler ile gerçekleşebileceğine inanmamız için herhangi bir neden bulunmamasıdır. Evrimciler bu varsayımlar için bazı argümanlar sunmaya çalışsalar da, bu argümanlar açık nedenlerden dolayı başarısızdır.

Evrimcilerin, tasarımın birçok farklı şekilde gerçekleşebileceğini varsaymaları için sunduğu argüman, Tanrı'nın mutlak güç sahibi olduğunu ve dolayısıyla sayısız şekilde tasarım yapabileceğidir. Burada göz önünde bulundurulması gereken bir şey var. Ben ve çoğu akıllı tasarım destekçisinin akıllı tasarımcının Tanrı olduğuna inandığı doğrudur, ancak bu, bilimsel kanıtlarla kanıtlanabilecek bir şey değildir. Tasarımcının Tanrı olduğunu gösteren Ockham'ın usturası üzerinde inceleceğim bazı argümanları, bir sonraki kitabımda ele alacağım. Ancak, en azından ilke olarak, tasarımcı Tanrı veya her şeye gücü yeten biri olmak zorunda değildir. Eğer durum buysa, bu evrimci argüman geçersizdir.

Bu arada, bu birçok evrimcinin akıllı tasarımı eleştirmek için kullanacağı bir argümandır. Bu, ateistlerin Tanrı argümanlarına yönelttiği yaygın bir eleştiridir. Bu eleştiri, belirli argümanların zorunlu bir varlık olduğunu, evrenin bir nedeni olduğunu ya da ince ayarın arkasında akıllı bir zihin olduğunu kanıtlayabileceğini belirtir. Bu nedenin Tanrı olduğunu nereden biliyoruz? Bu eleştiri burada evrimciler tarafından kolayca tersine çevrilebilir ve dolayısıyla, benzerliklerin ortak tasarımla açıklanmasına karşı olan bu argüman, birçok evrimcinin kendisinin de kullanma eğiliminde olduğu bir eleştiri kullanılarak çürütülür. Bu, tasarımın çeşitli şekillerde gerçekleşebileceği varsayımıyla ilgilidir.

Şimdi ortak kökenin benzerlikler olmadan olmasının olası olmadığı varsayımını inceleyelim.

Bu benzerliklerin olmadan ortak kökenin olasılığının düşük veya imkansız olduğu varsayımının tek bir gerekçesi vardır. Bu varsayım, evrimin son derece yavaş gerçekleştiğidir. Bu görüş, Gradüalizm olarak bilinir. Eğer bu evrim görüşü doğruysa, o zaman bir türün başka bir türe dönüşmesi için uzun zaman alır ve bu dönüşüm, yavaş yavaş birikim sonucu gerçekleşir. Eğer bu doğruysa, o zaman bir türün başka bir türe dönüşmesi sürecinde, böyle değişiklikler olsa bile, iki tür de son derece benzer olacaktır. Bu yavaş ve aşamalı süreç nedeniyle, uzak akrabalara ait organizmalar arasında birçok benzerlik kalacaktır. Yani eğer evrensel ortak köken gerçekleşiyorsa, o zaman tüm yaşam formları arasında kaçınılmaz olarak büyük bir benzerlik bulunacaktır.

Bu varsayımın problemi şudur. Gradüalizm kanıtlarla desteklenmiyor ve bu kitapta daha sonra göreceğimiz gibi, fosil kaydı Gradüalizm için en büyük problemdir.

Eğer durum buysa, o zaman bu iddia geçersizdir ve ortak soyun canlılarda benzerlik gerektirdiği görüşünün hiçbir gerekçesi yoktur.

Eğer evrimsel değişim hızlı bir şekilde gerçekleşebiliyorsa, o zaman bir tür hızlı ve kolay bir şekilde çok farklı bir türe dönüşebilir. Eğer durum buysa, o zaman iki tür arasındaki büyük değişimler nedeniyle canlılar arasında çok fazla benzerlik olması olası değildir. Bu durumda, ortak soyun benzerlikler olmadan gerçekleşemeyeceği varsayımı yanlıştır ve çürütülmüştür.

Bu, yaşamın tasarlanmış olmasına ya da canlılardaki benzerliklerin akıllı tasarımla açıklanmasına karşı ileri sürülen son önemli iddiadır.

Birkaç küçük iddia daha var ancak bunların hepsi öznel sezgilere dayanıyor ve kitapta şu ana kadar verilen mantık ve argümantasyon kullanılarak kolayca çürütülebilir.

Sonuç

Bu kitapta şimdiye kadar, yaşamın tasarlandığına veya yaşam formlarındaki benzerliklerin akıllı tasarımın bir sonucu olduğuna dair karşılaştığım her önemli itiraza değindim; tek istisna, gelecekteki bir kitapta ele alınacak olan kötülük ve kötü tasarım problemleri.

Literatürde gördüğüm kadarıyla, akıllı tasarım savunucularının yazdığı kitaplar bu benzerlikler için ortak tasarımı bir açıklama olarak öne sürüyor, ancak ortak tasarımın en iyi açıklama olduğu yönünde argümanlar sunmuyor ve sadece yakınsak evrimden bahsetmekle yetiniyorlar. Bu kitap, bu konuya, akıllı tasarım savunucularının yazdığı herhangi bir kitaptan çok daha ayrıntılı bir şekilde değinmektedir. Şimdi, evrim için bazı yaygın argümanları analiz edeceğiz ve bunların detaylı tetkiğe dayanıp dayanmadığını göreceğiz.

Fosil Kayıtlarının Genel Motifi

Fosil kaydı, yaşam tarihinin boyunca var olmuş canlıların sahip olduğu tüm fosillerin koleksiyonudur. Fosiller, bedenleri eski denizler, göller ve nehirler altında, kum ve çamur gibi tortulara gömülmüş bitki ve hayvanların korunmuş kalıntılarıdır. Fosiller, ayrıca genellikle 10.000 yıldan daha eski olan herhangi bir yaşam izini de içerir.[59] İşte fosil kaydını açıklayan genel bir referans:

"Fosil kaydı, basitçe keşfedilen geçmiş türlerin kemiklerini ifade eder. Dünya'nın kabuğu katmanlıdır, bu birkaç tabakadan oluştuğu anlamına gelir. Her bir katman, dünyanın tarihindeki belirli bir zamana karşılık gelir. Bunu birkaç jeolojik ve kimyasal analiz yaparak anlayabiliriz. Sonuç olarak, belirli bir fosil belirli bir katmanda bulunduğunda, genellikle bu zaman dilimini o organizmanın varlık süresiyle ilişkilendiririz (kullanılan yöntemlere göre belirli bir ölçüm çözünürlüğü dahilinde). Fosil kaydıyla ilgili akılda tutulması gereken iki genel kural vardır. Birincisi, daha eski katmanlar yerin daha derinlerindedir. Bu nedenle, ne kadar derine inersek, o kadar geçmişe gideriz. İkincisi, daha eski tabakalardan daha yeni tabakalara geçerken organizmaların karmaşıklığında geniş bir artış olduğu görülmektedir."[60]

Evrim lehine veya aleyhine olan çoğu argüman, çıkarımlara ve dolaylı argümanlara dayanırken, fosil kaydı yaşam tarihinin soğuk, sert bir gerçeğidir. Bu gerçek, fosil kaydını evrimin doğru olup olmadığını görmek için göz önünde bulundurmamız gereken en önemli veri türü haline getirir. Fosil kaydına dayanan evrimciler tarafından yapılan birçok önemli ve bağımsız argüman bulunmaktadır.

Bu argümanlardan bazıları, yaşamın yönlendirilmemiş fiziksel süreçler sonucunda ortaya çıktığını savunurken, bazıları evrensel ortak ataya dayanmaktadır. Bu bölümde, bu argümanlardan birini analiz edeceğiz ve ayrıca fosil kaydı ile evrim mantığı arasındaki bağlantıyı inceleyeceğiz. Dikkate alınması gereken bir diğer önemli faktör, evrim teorisinin fosil kaydıyla ilgili yaptığı tahminler olacaktır. Son olarak, bu argümanın yanlışlanabilir olup olmadığını ve bu argümanın evrimi destekleyip desteklemediğini inceleyeceğiz.

Evrimciler tarafından fosil kaydına dayanan iki temel argüman bulunmaktadır. Birincisi, fosil kaydının evrimin kademeli bir motifini gösterdiğidir. Bu, fosil kaydında ardışık bir motifin birçok örneğinin bulunduğu anlamına gelir. İddia, bu desenin evrimsel gradüalizm tahminiyle örtüştüğü ve uzun bir zaman diliminde küçük ardışık değişikliklerin yeni yaşam formlarının ortaya çıkmasına yol açabileceğidir. İddia, bu argümanın yeni yaşam formlarının akıllı bir tasarımcıya ihtiyaç duymadan ortaya çıkabileceğini gösterdiğidir. Bu, evrim mekanizması için bir argümandır.

İkinci argüman, birçok ara fosilin varlığıdır. Bu, yaşam tarihindeki çok sayıda türün, iki bağımsız türün özelliklerine sahip olduğunu ve bu iki tür arasında geçiş formu veya fosili olarak anlaşılabileceği anlamına gelir. Bu argüman, evrensel ortak kökene dayanmaktadır ve önceki bölümde tartışılan mantığa göre benzerliklerin ortak kökenden kaynaklandığını ifade etmektedir. Her iki argümanın da sorunları vardır ve eleştirel bir analize ihtiyaç duymaktadır. Bu bölüm, evrimin mekanizması için bir argümanı ve yeni yaşam formlarının akıllı bir tasarım gerektirmeden ortaya çıkabileceği iddiasını ele alacaktır. Geçiş fosilleriyle ilgili argüman ise bir sonraki bölümde ele alınacaktır.

Evrimin mekanizması için fosil kaydından yapılan argüman şudur: Fosil kaydı, içinde hafif değişiklikler olan fosillerin zamansal bir sırasını gösterir ve bir türden diğerine doğru kademeli bir değişimin gerçekleştiği izlenimini verir. Evrimcilerin iddiası, bu küçük değişikliklerin ve türler arasındaki varyasyonların rastgele mutasyonlar sonucu ortaya çıkabileceğidir. Doğal seçilim, yararlı rastgele mutasyonları koruyabilir ve bu, yeni yaşam formlarına yol açar.

Bu, çoğu evrimciye göre yaşamın arkasındaki birincil fiziksel süreç veya mekanizmadır, ancak başka birçok fiziksel süreç veya mekanizma da bulunmaktadır. Bu, evrim için tek olası birincil mekanizma değildir ve birçok modern evrimsel biyolog, farklı mekanizmaların evrimin birincil mekanizması olarak kabul edilmesi gerektiğini savunmuştur.

Şimdi fiziksel süreçler konusunu tekrar gündeme getirmek istiyorum ve bu, Neo-Darwinci mekanizmayı ve diğer mekanizmaları ele alacaktır. Kitabın önceki bölümlerinde belirttiğim gibi, evrimcilerden gelen bir iddia, rastgele mutasyonlar, doğal seçilim ve çeşitli diğer fiziksel süreçler ile akıllı tasarım arasında çelişkili bir durum olduğudur. İddia, fiziksel süreçlerin yaşamın kökenini ve çeşitliliğini açıklayabildiği için akıllı tasarımın gündeme getirilmesine gerek olmadığı ve yaşamın akıllı tasarım olmadan açıklanabileceği yönündedir. İşte bu iddiadaki sorun.

Evrimciler burada bir sıçramada bulunuyorlar. Fiziksel süreçlerin yaşamın kökenini ve çeşitliliğini açıklayabilmesini bir gerekçe olarak kullanarak, kör ve yönlendirilmemiş fiziksel süreçlerin yaşamın kökenini ve çeşitliliğini sağlayabileceği ve dolayısıyla yaşamın akıllı tasarıma ihtiyaç duymadığı iddiasında bulunuyorlar. İkinci iddia, birinci olgudan çıkmaz.

Bir fiziksel mekanizma, yaşamın kökenini ve çeşitliliğini açıklıyorsa ve o mekanizmanın yaşamın nedeni olduğuna dair iyi kanıtlarınız varsa, bu, mekanizmanın yönlendirilmemiş çalıştığı ya da akıllı bir tasarıma ihtiyaç duymadığı sonucunu çıkarmaz. Yani, belirli bir evrim mekanizması için kanıt, yaşamın akıllı tasarımın dışındaki ya da kör fiziksel süreçlerden kaynaklanarak ortaya çıktığı inancını kanıtlamaz veya doğrulamaz. Evrimciler, Neo-Darwinci mekanizmayı ve benzer mekanizmaları kullanarak yaşamın kör fiziksel süreçler nedeniyle ortaya çıktığını savunacaklardır. Bu sonuç, verilerden çıkarılamaz.

Evrimciler tarafından burada başka bir ikincil argüman bulunmaktadır. Evrimcilerin iddiası, yaşam tarihindeki yakın benzerliklere sahip birçok farklı hayvan veya bitkinin varlığı ve bunların ardışık bir şekilde görünmesinin evrim veya bir türden diğerine geçiş olduğu izlenimini vermesidir. Bunu en iyi şekilde göstermek için, burada birinin insan evrimini,[61] diğerinin ise balina evrimini[62] kanıtladığı varsayılan iki resim koyacağım. İnsan evrimi ile ilgili görüntü, soldan sağa doğru gerçekleşen geçişi göstermektedir. Balina evrimi ile ilgili görüntü ise aşağıdan yukarıya doğru gerçekleşen geçişi göstermektedir.

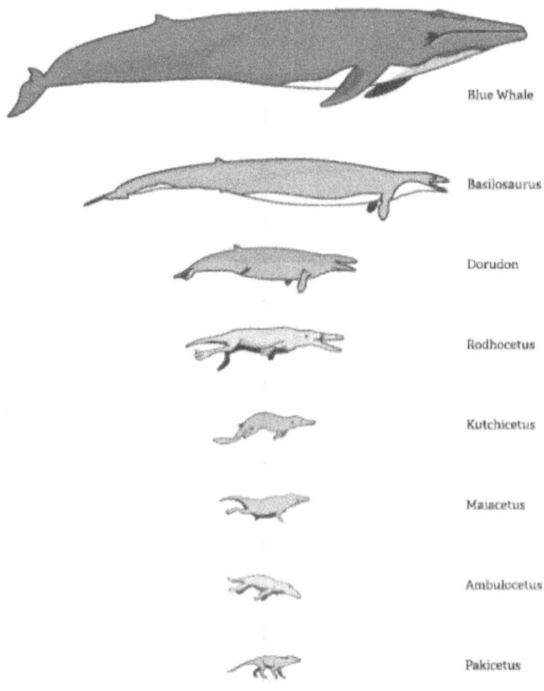

Geçiş fosilleriyle ilgili argümanda balina evrimine de değineceğim. İnsan evrimi konusunu ise insan evrimine özel bir kitapta ele alacağım. İşte evrimcilerin argümanı. Bu yakın ardışık fosiller, bir tür hayvandan diğerine evrimsel bir değişim olduğunu gösteriyor gibi görünüyor.

Bu argüman, bir şey bir şeye benziyorsa, o şeyin en basit açıklamasının onun görünüşü olduğu şeklindeki Ockham'ın usturası versiyonuna dayanıyor. Daha önce, evrimcilerin yaşam formları arasındaki benzerliklerin ortak kökeni ve yaşamın tasarlanmış gibi görünmesi üzerine tartıştıklarını belirterek bu versiyonu gündeme getirmiştim. Bu versiyona dayanan evrimcilerin karşılaştığı sorun daha önce dile getirilmişti.

Bu özel durumda evrimcilerin argümanı şudur: Bu ardışık hayvan biçimleri, evrim veya bir yaşam formundan diğerine büyük değişikliklerin gerçekleştiği izlenimini veriyor. Dolayısıyla, bu ardışık türlerin en basit açıklaması, evrim veya bir formdan diğerine geçişlerin olduğu yönündedir ve bu durumda evrime karşı argüman sunan kişinin ispat yükümlülüğü vardır, çünkü evrimin gerçekleşiyor gibi göründüğü varsayılmaktadır.

Bu argümanda bir sorun var. Fosil kaydının neredeyse tamamı böyle değildir. Çoğu yeni yaşam biçimi fosil kaydında aniden ortaya çıkmaktadır ve fosil kaydından anlaşıldığı kadarıyla, çoğu tür uzun bir süre boyunca değişmez ve sabit kalmaktadır. Bu, evrimin gerçekleştiğinin tam tersini gösteriyor gibi görünmektedir. Bu duruma dair bir referans:

"Harvard paleontoloğu Stephen Jay Gould'un ölümünden bu yana geçen yedi yılda, onun paleobiyoloji ve evrim teorisindeki rolüne dair yalnızca birkaç değerlendirme yapılmıştır. Paleontolog olmayanların hâlâ farkında olmadığı gibi, Gould ve Niles Eldredge tarafından 1972'de ilk kez önerilen "noktalı denge" modeli, paleontologlar arasında geniş bir kabul görmüştür. Neredeyse tüm metazoalar durağanlık göstermekte olup, kademeli evrime dair pek az iyi örnek bulunmaktadır. En önemli çıkarım, fosil türlerinin milyonlarca yıl boyunca statik kalmasıdır; bu durum, dramatik iklim değişiklikleri ve diğer çevresel seçim faktörlerine rağmen geçerliliğini korumaktadır. Bu yaygın durağanlık, "stabilize edici seçim" gibi basit kavramlarla açıklanamaz ve neontologların tam olarak ele almadığı veya başarılı bir şekilde açıklamadığı bir gizem olarak kalmaktadır. Paleontolojinin evrimsel biyolojinin "Yüksek Masası"na ulaşma umuduna rağmen, çoğu biyoloğun tür sıralaması ve koordine durağanlık gibi paleontolojik kavramların sonuçlarını büyük ölçüde anlamadığı veya kabul etmediği gerçeği, paleontolojinin evrimsel düşünce üzerinde hâlâ hak ettiği etkiyi oluşturmadığını göstermektedir."[63]

Yani, fosil kaydı, evrimin gerçekleşiyor olsaydı görüneceği şeyin tam tersini gösteriyor. Ancak bir sorum var. Evrimcilerin kullandığı Ockham'ın usturasının bu versiyonuna dayanarak, evrimin gerçekleştiğini savunan kişinin ispat yükünü kabul edecekler mi? Evrimcilerin, fosil kaydından kaynaklanan teorilerinin karşılaştığı sorunlar için ad hoc bir açıklamaları var.

Bunu bu bölümde detaylı bir şekilde tartışacağız, ancak yukarıdaki referanstan görüldüğü gibi, bu ad hoc açıklama, çoğu paleontolog tarafından doğru kabul edilmemektedir. Bunun önemli olmasının nedeni, fosil kaydını inceleyenlerin paleontologlar olmasıdır. Yani fosil kaydı konusunda uzman ve otorite olan kişiler, genellikle evrimciler tarafından getirilen ad hoc açıklamayı kabul etmemektedir.

Unutmayın ki bu paleontologlar kendileri de evrimcidir. Hayatın kör fiziksel süreçlerin bir sonucu olarak ortaya çıktığına inanıyorlar ve evrensel ortak ataya inanıyorlar. Dolayısıyla bu seküler ana akım akademisyenler, fosil kaydıyla ilgili sorunları açıklamak için getirilen ad hoc açıklama ile de aynı şekilde aynı fikirde değillerdir ve fosil kaydı ile evrim teorisi arasındaki bu çelişki, evrim teorisinin bir başka başarısız tahminidir.

Bu argümanların mantığı derinlemesine sorunludur, ancak bu argümanın arkasındaki bilim daha da sorunludur ve Evrim için büyük sorunlar yaratmaktadır. Evrim için fosil kaydı ile ilgili bazı referanslar vereceğim. Bu referanslar, evrimciler tarafından yayımlanan popüler literatürden alınacaktır. İşte fosil kaydının deseninin evrim için sözde kanıt olduğunu iddia eden bazı referanslar:

"Ancak Darwin'in evrim için bazı fosil kanıtları vardı. Bu, antik hayvanların ve bitkilerin mevcut türlerden çok farklı olduğunu, daha yakın tarihli oluşmuş kayalara doğru çıkıldıkça modern türlere daha çok benzediğini gözlemlemeyi içeriyordu. Ayrıca, bitişik katmanlardaki fosillerin, daha geniş aralıklarla ayrılmış katmanlarda bulunanlardan daha benzer olduğunu belirtti ve bu da evrimin yavaş ve sürekli bir ayrışma sürecini ima ediyordu...

Ancak Darwin'in yeterli sayıda fosili yoktu; bu da türler içinde belirgin değişimlerin veya ortak ataların açık kanıtlarını göstermeye yetmiyordu. Ama onun zamanından bu yana, paleontologlar bol miktarda fosil buldular ve yukarıda bahsedilen tüm tahminleri yerine getirdiler. Artık hayvan soylarında sürekli değişiklikler gösterebiliyoruz; ortak atalar ve geçiş formları için birçok kanıtımız var (örneğin, balinaların kaybolmuş ataları ortaya çıktı); ve karmaşık yaşamın başlangıçlarını görmek için yeterince derine kazdık."[64]

"Darwin, Türlerin Kökenini yazdığında embriyolojiyi evrim için en güçlü kanıtı olarak görüyordu. Bugün muhtemelen fosil kaydını en öncelikli kanıt olarak gösterecektir."[65]

"Fosil kaydıyla ilgili akılda tutulması gereken iki genel kural vardır. Birincisi, daha eski katmanlar yerin derinliklerindedir. Yani ne kadar derin kazarsak, o kadar geriye gitmiş oluruz. İkincisi, daha eski tabakalardan daha yeni olanlara geçerken organizmaların karmaşıklığında geniş bir artış görünmektedir. Darwin'in zamanında fosil kaydı nispeten zayıftı. Parçalıydı ve birçok boşluk içeriyordu. Bir buçuk yüzyıldan fazla bir süre sonra, fosil kaydı önemli ölçüde doğrulanmış olup, biyolojik organizmaların kademeli evrimini kanıtlayan deliller sunmaktadır."[66]

İşte bu, ana akım evrimsel biyologlar tarafından fosil kaydının kamuoyuna nasıl sunulduğudur. Fosil kaydıyla ilgili bu tür ifadeler, popüler evrimci literatürde defalarca karşımıza çıkmaktadır. Eğer bu doğru olsaydı, evrimcilerin evrimi savunmak için kullanabilecekleri makul bir mekanizmaya sahip olmaları gerekirdi. Ama ne yazık ki bu doğru değil. Bu, evrimcilerin yaydığı en yaygın yalanlardan biridir ve bu gerçeği ana akım evrimsel biyologlardan sayısız referansla destekleyeceğim. Fosil kaydıyla ilgili bazı genel referanslar veriyorum:

"Organik tasarımda büyük geçişler arasındaki ara aşamalara dair fosil kanıtlarının yokluğu, hatta birçok durumda işlevsel ara formları hayal etme yeteneğimizin bile olmaması, kademeli evrim hesapları için sürekli ve rahatsız edici bir sorun olmuştur."[67]

"Fosil kaydındaki geçiş formlarının aşırı nadirliği, paleontolojinin bir ticaret sırrı olarak kalmaktadır. ...tercih ettiğimiz doğal seçilim yoluyla evrim hakkındaki açıklamayı korumak için verilerimizi o kadar kötü görüyoruz ki, araştırdığımızı iddia ettiğimiz süreci hiç görmemekteyiz."[68]

"Paleontologların bu kadar uzun süre evrimden uzak durmalarına şaşmamak lazım. Evrim hiç gerçekleşmiyor gibi görünüyor. Kayalık yüzeylerden titizlikle toplanan fosiller, zigzaglar, küçük dalgalanmalar ve milyonlarca yıl içinde çok nadir görülen küçük değişim birikimlerini sunuyor; bu değişimler, evrimsel tarihte gerçekleşen tüm muazzam değişimi gerçekten açıklamak için çok yavaş bir hızda oluyor. Evrimsel yeniliklerin ortaya çıkışını gördüğümüzde, genellikle büyük bir patlama ile belirmekte ve çoğunlukla organizmaların başka bir yerde evrimleşmediğine dair sağlam bir kanıt olmadan karşımıza çıkmaktadır! Evrim sonsuza kadar başka bir yerde gerçekleşiyor olamaz. Ancak fosil kaydı, evrim hakkında bir şeyler öğrenmeye çalışan birçok umutsuz paleontolog üzerinde bu şekilde bir etki bırakmıştır."[69]

Bu referanslar, evrimin fosil kaydından kaynaklanan sorunlarının büyüklüğü hakkında size genel bir fikir vermelidir. Bu referansların, evrimin karşılaştığı sorunların büyüklüğü hakkında genel bir fikir vereceğini belirtmek istiyorum. Fosil kaydıyla ilgili özel dikkat gerektiren birçok spesifik konu bulunmaktadır. Tartışılması gereken ilk konu Kambriyen Patlamasıdır.

Kambriyen Patlaması

Fosil kaydındaki en çarpıcı ve önemli olay, Kambriyen Patlamasıdır. Bu olaya dair kısa bir tanıtım:

"Yaklaşık 530 milyon yıl önce, Kambriyen Patlaması olarak bilinen bir olayda, çok çeşitli hayvanlar evrimsel sahneye çıktı. Belki de sadece 10 milyon yıl içinde, deniz canlıları, modern gruplarda gözlemlediğimiz temel vücut formlarının çoğunu evrimleştirdi. Bu döneme ait fosillerde korunmuş olan organizmalar arasında kabukluların ve deniz yıldızlarının akrabaları, süngerler, yumuşakçalar, solucanlar, kordalılar ve algler bulunmaktadır; Burgess Shale'den bu taksonlarla örneklendirilmektedir."[70]

Bunun neden önemli olduğunu anlamak için biraz bağlama ihtiyacımız var ve evrim teorisinin neyi öngördüğünü bilmemiz gerekiyor. Bunu yapmak için, hayvanların biyolojik sınıflandırmasını bilmemiz gerekir. Bu referans bunları iyi bir şekilde açıklamaktadır:

"'Filum(şubeler)' (çoğul: 'filumlar') terimi, biyolojik sınıflandırma sistemindeki bölümlere atıfta bulunur. Şubeler, hayvanlar âleminde biyolojik sınıflandırmanın en yüksek (veya en geniş) kategorilerini oluşturur ve her biri benzersiz bir mimari, organizasyon planı veya yapısal vücut planı sergiler. Şubelere örnek olarak, knidalılar (mercankaya ve deniz anası), yumuşakçalar (kalamar ve midye), derisi dikenliler (deniz yıldızları ve deniz kestaneleri), eklem bacaklılar (trilobitler ve böcekler) ve tüm omurgalıların, insanların da dahil olduğu kordalılar verilebilir.

Her şubedeki hayvanlar, taksonomistlerin onları daha küçük bölümlere ayırmasına ve gruplandırmasına olanak tanıyan belirleyici özellikler sergiler; bu, sınıflar ve takımlarla başlar ve sonunda aileler, cinsler ve bireysel türlere kadar iner. Hayvanlar âlemindeki en geniş ve en yüksek kategoriler—şubeler ve sınıflar gibi—genellikle benzersiz vücut planlarını belirleyen hayvan yaşamının ana kategorilerini tanımlar. Daha düşük taksonomik kategoriler—cins ve tür gibi—genellikle benzer şekilde vücut parçalarını ve yapılarını organize etme yollarını örneklendiren organizmalar arasındaki daha küçük farklılıkları belirtir."[71]

Standart evrim teorisine göre, türlerdeki küçük değişiklikler yeni cinslerin ortaya çıkmasına yol açar, bu da daha sonra yeni ailelere, ardından yeni takımlara, daha sonra yeni sınıflara ve nihayetinde yeni alt şubelere ve şubelere yol açar. İşte Kambriyen Patlaması'nın bu kadar önemli olmasının ve standart Evrim teorisi için neden büyük bir sorun yarattığının açıklaması.

Standart evrim teorisine göre, bir şubenin kökeni, yeni alt şubelerin kökeninden önce gelir; bu da yeni takımların kökeninden önce gelir, bu da yeni sınıfların kökeninden önce gelir; bu da yeni cinslerin kökeninden önce gelir, bu da yeni türlerin kökeninden önce gelir. Ancak Kambriyen Patlaması'nda, yaklaşık 20 yeni şube aniden neredeyse hiçbir öncüsü olmadan ortaya çıkmıştır.

Kambriyen öncesi dönemindeki bazı fosiller, Kambriyen'deki bazı şubelerin ataları olarak argüman edilebilir, ancak bu fosillerle ilgili sorunlar vardır.Evrimcilerin sunduğu gibi tüm sözde Kambriyen öncesi fosillerini kabul etsek bile, Kambriyen patlaması sorunu ortadan kalkmayacak ve kanıtlar, ana akım evrim biyologlarını Kambriyen patlamasının gerçek bir olay olduğunu kabul etmeye zorladı; bu olay, öncülleri için çok az kanıtla son derece kısa bir zaman diliminde büyük miktarda yeni yaşam biçiminin ortaya çıkmasına neden olmuştur. Bu olaya dair bazı referanslar:

"Ediacaran faunasının çöküşünün ardından, Kambriyen Patlaması olarak bilinen yeni yaşam formlarının muhteşem yayılımı gerçekleşir. Şu anda bildiğimiz ana vücut planlarının hepsi, yaklaşık 10 milyon yıl içinde evrimleşmiştir. Bu görünür çeşitlilik patlamasının bir artefakt olabileceği düşünülmüş olabilir. Örneğin, daha eski kayaçların fosilleri korumak için o kadar iyi olmayabileceği söylenebilir. Ancak, daha eski dönemlerden çok iyi korunmuş fosiller mevcut ve Kambriyen patlamasının gerçek olduğu genel olarak kabul edilmektedir."[72]

"Yüzeysel olarak alındığında, Kambriyen faunalarının jeolojik olarak ani bir şekilde ortaya çıkışı ve olağanüstü korunumu, bunların tek bir evrim patlamasını temsil etme olasılığını önermektedir, ancak süreçler ve mekanizmalar belirsizdir. Bazı itirazların bir doğruluğu olsa da, bu itirazlar patlamanın büyüklüğünü veya önemini azaltmamıştır. ... Kambriyen patlamasının gerçekliği ile tutarlı birkaç hattan kanıtlar bulunmaktadır."[73]

"Modern hayvan vücut planlarının (filumlar) çoğunun yaklaşık 530 milyon yıl önce Kambriyen patlaması sırasında neredeyse eşzamanlı olarak ortaya çıkışı, hızlı fenotipik ve genetik yeniliklerin kısa bir dönemi için güçlü bir kanıt teşkil etmektedir. ... Modern hayvan vücut planlarının (genellikle filumlar ve sınıflar olarak sıralanan) yarım milyardan fazla yıl önce ani bir şekilde ortaya çıkması, yaşamın kökeninden sonraki en önemli evrimsel olaylardan biridir."[74]

"Yine de, 150 yıl sonra, The Origin'den sonra, kıyaslanamayacak kadar büyük bir hayvan fosil stoğu toplanmış olmasına rağmen, Darwin'in boşluğu hâlâ var; Kambriyen fosillerinin ani bir şekilde ortaya çıkışı bir gerçek ve bunu tetikleyen güçler ve mekanizmalar hakkında hâlâ merak içindeyiz. Zaman zaman, küçük bir grup öğrencinin Kambriyen patlamasının gerçekliğini Darwin ile aynı gerekçeyle sorguladığına rağmen, bugünkü konsensüs(icmâ), Kambriyen patlamasının bilimsel bir gerçek olduğudur ve 'Kambriyen patlaması gerçektir ve sonuçları evrimsel tarihde köklü bir değişimi başlatmıştır.'"[75]

Kambriyen patlaması, standart evrim teorisi için büyük bir sorun teşkil etmekte ve hatta Darwin, Kambriyen patlamasının teorisi için gerçek bir sorun yarattığını kabul etmiştir. İşte, Kambriyen patlamasının teorisi için yarattığı sorunu kabul eden Darwin'den bir referans. Burada kullanılan Siluriyen kelimesi, Kambriyen döneminin eski adıdır:

"Dünyanın yaşayan ve soyu tükenmiş sakinleri arasındaki sonsuz bağlantı halkalarının yok edilmesi doktrini üzerine, neden her jeolojik oluşum bu tür halkalarla dolu değil? Neden her fosil kalıntısı koleksiyonu, yaşam formlarının aşamalı geçişini ve değişimini açıkça göstermiyor? Böyle bir kanıtla karşılaşmıyoruz ve bu, teorime karşı ileri sürülebilecek birçok itirazdan en bariz ve etkili olanıdır. Neden, yine, bağlı türlerin tamamı, çoğunlukla yanlış bir şekilde, farklı jeolojik dönemlerde aniden ortaya çıkmış gibi görünüyor? Neden Siluriyen sistemi altında, Siluriyen fosil gruplarının atalarının kalıntılarıyla dolu büyük katmanlar bulamıyoruz? Çünkü kesinlikle benim teorime göre bu tür katmanlar, dünya tarihindeki bu antik ve tamamen bilinmeyen çağlarda bir yerlerde birikmiş olmalıdır. Bu soruları ve ciddi itirazları yalnızca jeolojik kaydın çoğu jeoloğun düşündüğünden çok daha eksik olduğu varsayımı ile cevaplayabilirim."[76]

İşte Darwin'in bu sorunu kabul ettiği başka bir referans:

"Özellikle belirli formasyonlarda ansızın ortaya çıkan bütün türler gruplarının bu ani tarzının, bazı paleontologlar, örneğin Agassiz, Pictet ve özellikle de Profesör Sedgwick tarafından, türlerin dönüşümüne olan inancın ölümcül bir itirazı olarak ileri sürüldü. Eğer aynı cins veya aileye ait birçok tür gerçekten bir anda hayata başlamışsa, bu durum doğal seçilim yoluyla yavaş modifikasyonla soy geçişi teorisi için ölümcül bir gerçek olur. Çünkü hepsinin tek bir atadan türemiş olduğu form gruplarının gelişimi son derece yavaş bir süreç olmalıdır; ve atalarının, modifiye olmuş soylarının ortaya çıkmasından çok önce, uzun çağlar yaşamış olmaları gerekmektedir."[77]

Kambriyen patlaması, standart evrim teorisinin başarısız bir tahmininin açık bir örneğidir. Bu olay, evrimcilerin neredeyse tüm tarihleri boyunca öngördükleri Evrim modeline doğrudan karşıt bir durum sergilemektedir. Bu nedenle, evrimciler tarihlerinin çoğu boyunca Kambriyen patlamasının gerçek bir olay olmadığını, sadece fosil kayıtlarının zayıf olmasından dolayı bu şekilde göründüğünü savunmaya çalışmışlardır; yukarıda verilen referanslardan görülebileceği gibi. Ancak şimdi, yukarıdaki referansların gösterdiği gibi, Kambriyen patlamasının gerçekliğini çürütme çabalarının tamamı başarısız olmuştur ve evrimciler şimdi genel olarak Kambriyen patlaması için ad hoc açıklamalar geliştirmeye çalışacaklardır.

Fosil kayıtlarının genel motifi

Ancak unutulmaması gereken önemli bir şey daha var. Pek çok evrimci, Kambriyen patlamasının sıra dışı bir olay olduğunu ve fosil kayıtlarının geri kalanının evrim tahminlerini desteklediğini iddia etmeye çalışacaktır. Bu gerçeklikten daha uzak olamaz. Fosil kayıtlarında Kambriyen patlaması kadar beklenmedik ve ani bir olay yoktur, ancak fosil kayıtları, yeni canlı türlerinin beklenmedik ve aniden ortaya çıktığı benzer olaylarla doludur. Bunun gibi sayısız olay var ve bu gerçeği kanıtlamak için burada ana akım evrim biyologlarından çok sayıda referans vereceğim.

Fosil kayıtlarında yer alan türlerin çok uzun süre değişmediği ve daha sonra aniden yok olduğu gerçeğine dair genel bir atıf şöyledir:

"Birçok tür, milyonlarca yıl boyunca neredeyse değişmeden kalır, sonra aniden kaybolur ve yerini tamamen farklı, ancak akraba bir form alır. Dahası, çoğu büyük hayvan grubu fosil kayıtlarında aniden, tam olarak şekillenmiş halde ortaya çıkar ve ana grupları için geçiş oluşturan henüz keşfedilmiş fosiller yoktur."[78]

Burada, Kambriyen patlamasından 40 milyon yıl sonra meydana gelen Büyük Ordovisyen Biyoçeşitlilik Olayı hakkında iki referans bulunmaktadır:

"Paleontolog Walter Etter, 'Kambriyen patlaması sırasında birçok filum ve sınıf temel vücut planlarını temsil eden birçok yaşam formu ortaya çıktımışken, Kambriyen sonrası 'Ordovisyen radyasyonu, daha alt taksonomik seviyelerde eşsiz bir çeşitlenme patlaması ile kendini gösterdi.' Devam ediyor: 'Bu Büyük Ordovisyen Biyoçeşitlilik Olayı (GOBE) sırasında çeşitlilikteki neredeyse katsal artış, [Kambriyen'den günümüze kadar] başka bir zamanda olduğundan çok daha hızlıydı,' ve bu artışın 'çoğunlukla aniden' olduğunu vurguluyor."[79]

"En azından, fosil kayıtlarının bize bunu söylediğini ilk başta düşündük. Şimdi, bu muazzam olay – Kambriyen patlaması olarak bilinir – başladıktan kısa bir süre sonra duraklama noktasına geldi. Yaklaşık 515 milyon yıl önce, evrim durma noktasına geldi ve biyoçeşitlilikteki artış tersine döndü. İlerleme yürüyüşünün devam etmesi için yaşamın yeniden başlatılması gerekiyordu.

Bu, Büyük Ordovisyen Biyoçeşitlilik Olayı olarak adlandırılan ikinci bir yaşam patlaması şeklinde gerçekleşti; son yıllarda yoğun bilimsel ilginin odağı haline gelmiş pek duyulmamış bir olaydır. Yaklaşık 20 yıl önce bunun ipuçlarını keşfettikten sonra, paleontologlar "Ordovisyen patlaması"nın hayvan evrimi açısından Kambriyen patlaması kadar önemli olduğunu tartışmasız bir şekilde kanıtladı."[80]

İşte 428 ile 359 milyon yıl önceki Siluriyen-Devoniyen döneminde kara bitkilerinin kökeniyle ilgili bir referans:

"Siluriyen-Devoniyen kara biyotalarının birincil yayılımı, çok tartışılan Kambriyen deniz faunalarının 'patlaması'nın karasal eşdeğeridir. Her ikisi de yenilik yayılımlarında belirgin özelliklerini gösterir (fenotipik çeşitlilik, ekolojik olarak doygun olmayan ve dolayısıyla düşük rekabet ortamında tür çeşitliliğinden çok daha hızlı artar) ve her ikisi de modern ekosistemlerin evrimsel ve ekolojik çerçevelerinin oluşumuyla sona ermiştir."[81]

"Hayat tarihindeki bir başka benzer olay, Odontode patlamasıdır.[82] Bu olay, 425 ila 415 milyon yıl önce gerçekleşmiştir. 10 milyon yıl içinde, dişli ve diş benzeri yapılar (odontodlar) taşıyan tüm büyük çeneli balık grupları fosil kaydında aniden ortaya çıkmaktadır. 'Patlama' teriminin akıllı tasarım savunucuları tarafından icat edilmediğini unutmayın. Bu yeni yaşam formlarının çeşitliliği ile ilgili tüm bu patlamalar ve devrimler, ana akım evrimsel biyologlar tarafından kabul edilmektedir."

Bir başka önemli ve benzer olay, Devoniyen Nekton Devrimi'dir.[83] Bu olay, 410 ila 400 milyon yıl önce gerçekleşmiştir. Önceki dönemlerde var olan hayvanlar öncelikle planktonik (yüzen) ve demersal (deniz tabanına yakın) iken, bu dönemde deniz nektonik (aktif olarak yüzen) hayvanların aniden ve büyük bir şekilde çoğalması yaşanmıştır.

İşte dinozorların kökeniyle ilgili bir referans:

"Önce dinozor izleri yoktu, sonra ise çok sayıda vardı. Bu, onların patlama anını işaret eder ve Dolomitler'deki kaya dizileri iyi bir şekilde tarihlendirilmiştir. Arjantin ve Brezilya'daki kaya dizileriyle yapılan karşılaştırmalar, burada dinozorların ilk kapsamlı iskeletlerinin bulunduğu yerlerde patlamanın aynı zamanda meydana geldiğini göstermektedir.

Önder yazar Dr. Massimo Bernardi, MUSE küratörü ve Bristol Üniversitesi Yer Bilimleri Okulu'nda araştırma görevlisi, 'Ayak izleri ve iskeletlerin aynı hikayeyi anlattığını görmek bizi heyecanlandırdı. Dolomitler'deki ayak izlerini bir süre incelemiştik ve 'dinozor yok' ile 'tüm dinozorlar var' arasındaki değişimin ne kadar keskin olduğu gerçekten şaşırtıcı' dedi.

Dinozorların patlama noktası, iklimlerin kuru, nemli ve tekrar kuru arasında gidip geldiği Carnian Plüvyal Dönemi'nin sonuna denk gelmektedir."[84]

İşte 110 ile 100 milyon yıl önce meydana gelen yılanların kökenleriyle ilgili bir referans:

"Yılanların, çoğu diğer kertenkele grubundan daha hızlı evrimleştiği görünmektedir ve çalışmamız, yılan ekolojisinin birçok yönünde bu dikkate değer ortak 'hızlanmayı' gösteriyor," diyor Stony Brook Üniversitesi Ekoloji ve Evrim Bölümü'nde yardımcı doçent olan ve çalışmanın eş baş yazarı olan Title. "Yılanlar, kozmolojideki Büyük Patlama 'tekilliği(singularity)' gibidir – türler ve ekolojilerindeki çeşitliliğin dramatik bir genişlemesi, yılanların evrimsel tarihinin başlarında gerçekleşmiş olabilecek bir olayla bağlantılıdır."[85]

İşte 90 ile 80 milyon yıl önce meydana gelen çiçekli bitkilerin kökeniyle ilgili bir referans:

"Farklı veri kaynaklarının (örneğin, fosil kaydı ve moleküler ve morfolojik karakterler kullanarak yapılan filogenetik analizler) kapsamlı araştırmalarına ve analizlerine rağmen, çiçekli bitkilerin kökeni belirsizliğini korumaktadır. Çiçekli bitkiler, fosil kaydında oldukça aniden ortaya çıkar... ve önceki 80-90 milyon yıllık bir dönem için görünür bir ataları yoktur."[86]

Bu referans, 65 milyon yıl önce memeli ve kuş takımlarının ortaya çıkışını ele alıyor:

"Fosil kayıtlarını olduğu gibi okunması, erken Kambriyen (yaklaşık 545 milyon yıl önce) ve erken Tertiyer'in (yaklaşık 65 milyon yıl önce) hayvan filumlarının ve modern kuş ile plasental memeli takımlarının ortaya çıkışları aşırı derecede hızlandırılmış morfolojik evrim dönemleriyle karakterize olduğunu göstermektedir."[87]

Fosil kayıtlarında çeşitli yaşam formlarının beklenmedik ve aniden ortaya çıkışına dair daha birçok örnek bulunmaktadır. Bunlar, standart evrim teorisinin karşılaştığı sorunlardan sadece birkaçıdır. Bu ani ve beklenmedik yaşam formlarının ortaya çıkışının fosil kayıtlarında mevcut olduğunu kanıtlamak için bu referansların yeterli olduğu görünmektedir. Evrimcilerin bu sorunun yalnızca Kambriyen patlamasında bulunduğu iddiası böylece çürütülmektedir.

Bununla birlikte, böyle bir ani fosil kaydı evrim teorisi tarafından beklenmemektedir. Fosil kayıtlarının bu versiyonu, standart evrim teorisinin mekanizmasıyla doğrudan çelişmektedir. İşte bu gibi sorunlar yüzünden evrimcilerin fosil kayıtlarıyla uyum sağlamaya çalışan yeni mekanizmalar geliştirmeleri gerekmektedir. Bu bölümün sonraki iki kısmında, bu sorunla başa çıkmak için birçok evrimci tarafından ortaya konan ad hoc açıklamaları ele alacağız ve fosil kaydıyla başa çıkmak için alternatif bir evrim mekanizmasını da inceleyeceğiz.

Ad hoc açıklama

Standart evrim teorisini savunmak için verilen en yaygın ad hoc açıklama, fosil kaydının kusurlu olduğu ve fosilleşmenin çok nadir gerçekleştiği iddiasıdır. Bu nedenle, fosil kaydının evrim teorisinin öngörüleriyle örtüşmemesi, Evrim için bir sorun değildir. Bu, evrimcilerin son 150 yılda sunduğu standart argümandır. İşte evrimcilerin bu yanıtını anımsatan bazı referanslar:

"Yaratılışçılar, ara fosil formlarının yokluğunun evrim teorisine karşı bir kanıt olduğunu sıkça iddia ederler. Evrimciler ise keşfedilen sayısız ara fosili işaret ederek karşılık verirler; bu fosiller, dinozorları kuşlarla, karasal tetrapodları balıklarla, sürüngenleri memelilerle ve kara memelilerini balinalarla bağlar. Elbette, eğer X ve Y türleri arasında bir ara form olan I'yi keşfederseniz, X ile I ve I ile Y arasındaki formların nerede olduğu sorusu hâlâ gündeme gelebilir. Her zaman "boşluklar" olacaktır; bunlar sadece daralır. Biyologlar, bu boşlukları, ister dar ister geniş olsun, CA'ya karşı bir kanıt olarak yorumlamazlar. Boşluklar, sadece "fosil kayıtlarının kusurluluğu"na atfedilir – fosiller genellikle oluşmaz ve oluşsalar bile, yok olmaları ya da biyologların onları bulamamaları oldukça kolaydır."[88]

"Bilim insanları, fosil kayıtlarının kaçınılmaz olarak eksik olduğunu kabul eder ve bunun nedenlerini de açıklarlar. Kemik ve doku korunumu çok sınırlı sayıdaki koşullarda gerçekleşebilir, bu nedenle başlangıçta herhangi bir biyolojik örnek gömülse veya fosilleşse bile, sonunda aşınabilir veya çürüyebilir (Berra 1990, 31–51; Futuyma ve Kirkpatrick 2017, 432–435). Dahası, bulduğumuz örneklerden, tam olan halleriyle elde ettiğimiz miktar biraz nadirdir. Genellikle, biyolojik örneklerin parçaları bulunur, örneğin parmak kemikleri, bu da fosil kaydından elde edebileceğimiz veri türünü daha da sınırlar (Futuyma ve Kirkpatrick 2017, 435). Dolayısıyla, fosil kaydındaki boşluklar bilim insanları için sürpriz değildir ve bunun yerine varlıkları için bilimsel sebebleri vardır (Padian ve Angielczyk 2007)."[89]

Fosil kaydındaki bu soruna verilen yanıtta birden fazla problem bulunmaktadır. İlk problem, delil yükümlülüğü kavramını görmezden gelmesidir. Bu bölümün başlarında, evrimcilerin fosil kaydının yavaş evrimi andırdığını öne sürdüklerini açıkladım. Dolayısıyla, en basit açıklama, bir hayvan formundan diğerine geçişin gerçekleştiği ve delil yükünün evrime karşı argüman sunan kişide olduğudur.

Bu Ockham'ın usturasının versiyonu, evrimciler tarafından birçok başka durumda da kullanılmıştır. Şimdi, yukarıda verilen tüm referanslardan gördüğümüz gibi, fosil kaydı kendini ani ve keskin bir şekilde göstermekte ve çok az ya da hiç evrimin gerçekleşmediği görünmektedir. Evrimciler, akıllı tasarım savunucuları yerine artık delil yükümlülüğünün kendilerinde olduğunu kabul edecekler mi?

Deneyimlerime göre, evrimciler bunu yapmayacaklardır. Evrimcilerle tartışırken akılda tutulması gereken şey şudur: Argümanlarını desteklemek için ellerinden gelen her türlü mazereti kullanacaklardır. Ancak, akıllı tasarım için veya evrime karşı bir argüman olarak kullanıldığında aynı gerekçeleri kabul etmeyeceklerdir. Bunu her zaman aklınızda bulundurun.

Evrimcilerin yanıtındaki ikinci problem, yaşamın kökeni ve çeşitlenmesi ile ilgili elimizdeki en önemli delili görmezden gelmesidir. Fosil kaydı, çıkarımlara veya hayale dayanmamaktadır. Bu, yaşam tarihimizle ilgili en doğrudan bir veri, soğuk ve sert bir gerçektir.

Üçüncü problem, bu iddianın mantığının ne kadar derin bir şekilde hatalı olduğunu gösteren basit bir argümandır. Bu analojiyi geliştiren filozofun sözlerini doğrudan alıntılayacağım:

"Bir yeni hobi olarak plajdan değerli eşya aramasını seçtiğinizi hayal edin. Her gün sahil boyunca yürüyüp dalgaların getirdiği şeyleri topluyorsunuz. Başlangıçta, her gün midye ve sümüklüböceklerden deniz yıldızlarına ve sürüklenmiş ahşaba kadar yeni ve heyecan verici şeyler buluyorsunuz. Ancak zamanla tekrar eden şeyler ortaya çıkmaya başlar ve en sonunda çoğunlukla daha önce birçok kez topladığınız aynı şeyleri bulursunuz, ve çok nadir olarak bir şişe içinde mesaj gibi yeni bir şey bulursunuz. İşte bu, burada neyi bulup bulamayacağınızı bilecek kadar örnek topladığınızdan emin olabilileceğiniz noktadır. Hala eksik olan şeyler, yetersiz örnekleme veya örnekleme yanlılığı nedeniyle eksik değildir. Gerçekten de aynı bu yaklaşım paleontolojide, fosil kayıtlarının tamamlanmışlığını ve bununla ilgili bilgimizi istatistiksel olarak test etmek için kullanılmaktadır. Buna koleksiyoncu eğrisi(collector curve) denir[90]; yeni fosil taksonlarının keşfini, y ekseninde yeni keşfedilen türlerin sayısı ve x ekseninde, zamanla harcanan çaba (insan-saat veya hibe parası) ile çizilen bir diyagramda gösterir. Başlangıçta, çizilen S şekilli eğri diktir; bu, yeni bir şey bulmak için çok fazla zaman ve para yatırmanıza gerek olmadığı anlamına gelir. Ancak araştırma ilerledikçe eğri düzleşir ve nihayetinde, neyin var olduğuna dair oldukça iyi bir tahminimizin olduğunu bildiğimiz doygunluk noktasına ulaşır. Fosil kayıtlarının bu tür istatistiksel çalışmaları birçok grup için yapılmış ve "tamamlanmışlığın birçok hayvan grubu için oldukça yüksek olduğu" gösterilmiştir."[91]

Bu yanıttaki dördüncü problem, bu açıklamanın artık birçok ana akım evrim biyoloğu ve paleontolog tarafından yanlış olarak reddedilmesidir. Fosilleri inceleyen ve bu alanda uzman olan birçok akademisyen, bu açıklamanın artık makul olduğunu reddetmiştir. Bu gerçeğe dair bazı referanslar şunlardır. Bunların çoğu, hakemli ana akım yayınlardan alınmıştır ve hakemli makalelerden alınmayanlar bile, evrime inanan ana akım evrim biyologlarından gelmektedir:

"Fosil kaydının tamamlanmışlığını ölçmek, uzun zaman dilimleri boyunca evrimi anlamak için esastır, özellikle farklı koruma özelliklerine sahip biyolojik gruplar arasındaki evrimsel motifleri karşılaştırırken. Fosil taksonlarının stratigrafik aralıklarındaki boşluklara ve tahmini evrimsel ağaçlarla ima edilen hipotetik soy hatlarına dayalı olarak çeşitli gruplar için tamamlanmışlık ölçümleri sunulmuştur. Burada, daha önce mevcut olanlardan daha geniş bir deniz hayvanları üst takson örneği için iki taksonomik seviyede, niceliksel ve yaygın olarak uygulanabilir mutlak tamamlanmışlık ölçümlerini sunuyor ve karşılaştırıyoruz. Stratigrafik aralık başına cins koruma olasılığının bir tahminini sağlıyoruz ve fosil kaydı olan yaşayan ailelerin oranını belirliyoruz. İki tamamlanmışlık ölçümü çok farklı veri ve hesaplamalar kullanmaktadır. Cins koruma olasılığı neredeyse tamamen Paleozoik ve Mezozoik kayıtlarına bağlıdır, oysa fosil kaydı olan yaşayan ailelerin oranı büyük ölçüde Senozoik verilere dayanır.

Yine de bu ölçümler dışlayıcı durumlar oldukça açıklanabilir bir şekilde son derece korelasyon(bağdaşma) içindedir ve; birçok hayvan grubu için tamamlanmışlığın oldukça yüksek olduğunu buluyoruz."[92]

"Ancak genel olarak, moleküler (DNA) veriler ve fosil kaydı temelinde oluşturulan evrimsel ağaçlar arasındaki şaşırtıcı uyum ve yaşamın evrimindeki ayrıntılı motifin 200 yıllık çalışma boyunca pek fazla değişmemiş olması, fosil kaydının amacımız için yeterli olduğunu göstermektedir. Bu, Darwinci evrime dair inkar edilemez kanıtlar sunmaktadır. Ayrıca hala sürpriz, hayret ve merak da sağlayabilir."[93]

"Eğer ....., aile taksonomik seviyesinde ölçeklendirilirse, fosil kaydının son 540 milyon yılı, geçmiş yaşamı tutarlı ve iyi bir şekilde belgelemektedir."[94]

"Dört yüksek taksonun fosil deniz omurgasızlarının morfolojik analizi, paleontolojinin tarihi boyunca morfolojik olarak aşırı veya modal türlerin ve cinslerin tercihli olarak erken veya geç tanımlanması yönünde genel bir eğilim olmadığını göstermektedir..... Biçim evrimi hakkında hala öğrenmemiz gereken çok şey olsa da, biyolojik çeşitliliğin tarihi konusundaki görüşümüz birçok açıdan olgunlaşmıştır."[95]

"Fosil kaydının kusursuz olmayışına aşırı vurgu yapmamız, genel olarak bilim insanları arasında fosil kaydının alışılmadık derecede zayıf bir veri seti olduğu algısını beslemektedir. Bu doğru değildir.....

Canlı-ölü karşılaştırmalarına dair kapsamlı incelemeleri ile, Susan Kidwell (2002, 2013) fosil kaydının tür zenginliğini yüksek sadakatle ve özellikle yüksek doğruluk ve sadakat ile kaydedildiğini göstermiştir; bu, hem beklenmedik hem de son derece memnuniyet verici bir pattern."[96]

"Fosil kaydı, geçmiş ekosistemler hakkında zengin bir tarihsel veriyi korusa da, fosillerin ekolojik bilgilerin güvenilir arşivlerini sağladığını varsayan mevcut paradigma, yüksek fosilleşme potansiyeline sahip olan bir grup organizma olan yumuşakçalar üzerine odaklanan araştırmalardan kaynaklanmaktadır. Burada, Kuzey Carolina (ABD) kıyı habitatlarından bentik deniz omurgasızları üzerine kapsamlı araştırmalar kullanarak, canlı topluluklar ve aynı bölgede bulunan ölü kalıntılar (ölü toplulukları) arasındaki karşılaştırmalarla alt taksonların (altı filum ve 11 sınıf) güvenilirliğini ölçüyoruz. Alt taksonlar arasında iki topluluk arasında topluluk bileşiminin farklı olduğunu bulsak da, bu farklılıkların, sağlam ve daha iyi korunabilir grupların aşırı bulunmasıyla öngörülebilir olduğunu belirledik.

Ek olarak, ölü yumuşakçalar, α, γ ve β çeşitlilik/dengelik ölçümleri de dahil olmak üzere çeşitli ekolojik ölçütler kullanılarak topluluk yapısındaki mekansal-zamansal kalıpları ve değişimleri takip ederken tüm taksonlar için mükemmel bir gösterge gibi görülmektedir. Bu, taksonların farklı korunma süreçleri ve zaman ortalaması tarafından uygulanan filtrelere rağmen, fosil kaydının sığ bentik deniz paleokomünitelerindeki bileşim ve çeşitlilik bakımından göreli karşılaştırmalar açısından güvenilir olmasının olası olmasına işaret etmektedir. Bu, sığ deniz ölü topluluklarının, doğal, insan öncesi koşullar altında var olan ekosistemlerin değişkenliğini değerlendirmek için yeterli sağlam ekolojik tahminler üretebileceğini gösteren önceki çalışmalarla da tutarlıdır."[97]

Bu referanslardan da görebileceğimiz gibi, evrim savunucularının son 150 yıl boyunca verdiği bu yaygın yanıt, birçok ana akım paleontolog tarafından bile bilimsel kanıtlarla başarısız olmakta ve çürütülmektedir.

Evrimin Bu "Kanıtı" Arkasındaki Mantık

Ancak sorulması gereken önemli bir soru var. Diyelim ki bu referanslar mevcut değil ve bu yanıt, ana akım paleontologlar tarafından makul bir şekilde kabul ediliyor. Bu durumda, fosil kaydındaki motife dayanan bu argüman evrime dair bir kanıt olur mu?

Bu senaryoda, fosil kaydı standart evrim teorisi tarafından yapılan tahminlerle uyuşmamakta, ancak evrimcilerin neden uyuşmadığına dair bir açıklamaları bulunmaktadır. Bu senaryoda, fosil kaydının deseni evrime dair nasıl bir kanıt olabilir? Evrime dair bir kanıt olamaz.

Ara fosillerden bahsetmiyorum, bu argüman bir sonraki bölümde ele alınacaktır, ancak fosil kayıtlarının örüntüsü evrimin öngörüleriyle uyuşmuyorsa, nasıl evrimin kanıtı olabilir? Evrimin kanıtı olamaz.

Yine de, son 150 yıldır evrimciler, fosil kaydının deseninin evrime dair bir kanıt olduğunu iddia edip duruyor. Bu, bölümün başında, evrimcilerin fosil kaydının deseninin evrime dair bir kanıt olduğunu iddia ettikleri referanslarda görülebilir. Dolayısıyla, evrimcilerin bu yaygın yalanı şimdi çürütülmüş durumdadır.

Unutulmaması gereken çok önemli bir nokta var. Evrimci argümanların çoğu en iyi ihtimalle evrensel ortak atayı desteklemektedir. Fosil kaydının deseni, evrimcilerin evrim mekanizması ve yaşamın kılavuzsuz fiziksel süreçler sonucunda ortaya çıkabileceği veya ortaya çıktığı iddialarını desteklemek için sahip oldukları az sayıda argümandan biridir. Bu argüman çürütülürse, ki çürütülmüştür, o zaman yaşamın kılavuzsuz fiziksel süreçler sonucunda ortaya çıktı iddiasının büyük sorunları vardır ve önemli ölçüde zayıflar.

Bu problem nedeniyle bazı evrimciler, fosil kaydının desenine dair sorunu açıklamak için alternatif evrim mekanizmaları geliştirmiştir. Bu sorunu ele almak için en popüler mekanizma sıçramalı evrim dir(Punctuated Equilibrium), ancak bazı evrimciler tarafından Üçüncü Evrim Yolu'ndan farklı mekanizmalar da önermiştir. Bu mekanizmalar, gelecekteki bir kitapta ele alınacaktır. Bu kitapta, şimdi Sıçramalı evrim'i ele alacağım.

<u>Sıçramalı Evrim:</u>

Sıçramalı Evrim, evrimcilerin fosil kaydı sorununu ele almak için en yaygın olarak verdiği açıklamadır. Ancak buna rağmen, bir çok evrimciler bile sıçramalı evrimi kabul etmemektedir çünkü bu evrim mekanizmasının da büyük sorunları vardır. Sıçramalı evrimin mekanizması, fosil kaydının standart evrim teorisiyle çelişmesinden dolayı geliştirilmiştir. Bu gerçeği belirten bir referans:

"Bu hikayeyi sıçramalı evrime bir giriş olarak bir hayli uzun anlatıyorum çünkü; hem Falconer ve Darwin, günümüz neslinde sıçramalı evrimi destekleyenler ve karşıtları arasındaki ana pozisyonları çarpıcı bir şekilde önceden haber vermektedirler, hem de bu hikaye, fosil kaydının en merkezi gerçeğini çok iyi bir şekilde göstermektedir — jeolojik olarak ani bir oluşum ve ardından çoğu türün uzun süreli durağanlığı. Özellikle Falconer, yaratılışçı varsayımları altında çok kolay bir yanlış çözümden, evrimsel açıklama dünyasındaki bir bulmacayı tanıma (ve bazı ilginç çözümler önermeye) geçişi göstermektedir. En önemlisi, bu hikaye fosil kayıtlarının temel ve baskın gerçeği olarak adlandırılabilecek bir şeyi örneklemektedir; bu, profesyonel paleontologların fosillerin zaman içinde yeterli stratigrafik izini sürmek için araçlar geliştirir geliştirmez öğrendikleri bir şeydir: Türlerin büyük çoğunluğu, fosil kaydında jeolojik bir anilik ile ortaya çıkmakta ve sonra yok olana kadar durağanlık içinde sürmektedir. Anatomik yapılar zaman içinde dalgalanma gösterebilir, ancak bir türün son kalıntıları ilk temsilcilerine göre genellikle neredeyse aynı görünmektedir. Eldredge ve ben sıçramalı evrimi önerirken, fosil kaydının bu temel gerçeğini keşfetmedik nede yeniden keşfettik. Paleontologlar her zaman çoğu türün uzun vadeli istikrarını kabul etmişlerdir, ancak bu güçlü ve kelimenin tam anlamıyla bir sinyal karşısında biraz mahcup hale gelmiştik; çünkü Bilimsel kültürümüzün baskın teorisi, her biyoloğun en sevdiği konu olan bizzat evrimin birincil ampirik ifadesi olarak gradüalismin aksine bir sonucu aramamızı söylüyordu."[98]

Sıçramalı evrim, 1970'lerde paleontologlar Stephen Jay Gould ve Niles Eldredge tarafından önerilen bir Evrim mekanizmasıdır. İşte bu Evrim mekanizmasını önerdikleri makaleden bir referans:

"Teorinin beklentileri, algıyı öyle bir şekilde boyar ki, eski dünya resimlerinin etkisi altında toplanan gerçeklerden yeni kanılar nadiren ortaya çıkar. Gerçekler farklı bir perspektifte görülebilmeden önce yeni resimler kendi etkilerini göstermelidir.

Paleontolojinin türleşme üzerindeki görüşü, 'filogenik gradüalizm' resmiyle şekillendirilmiştir. Bu görüş, yeni türlerin, tüm popülasyonların yavaş ve sürekli dönüşümünden doğduğunu savunur. Bu etkinin altında, iki formu kesintisiz bir gradyanla birleştiren kesintisiz fosil serileri ararız; bu serileri, Darwinci süreçlerin tek eksiksiz aynası olarak görürüz ve tüm kesintileri kayıttaki eksikliklere atfederiz.

Allopatrik (ya da coğrafi) türleşme teorisi, paleontolojik verilerin farklı bir yorumunu önermektedir. Eğer yeni türler, küçük, çevresel olarak izole popülasyonlarda çok hızlı bir şekilde ortaya çıkıyorsa, o zaman kesintisiz gradyanlı fosil beklentisi bir hayaldir. Yeni bir tür, atalarının bulunduğu alanda evrim geçirmez; tüm atalarının yavaş dönüşümünden ortaya çıkmaz. Fosil kaydındaki birçok kesinti gerçektir.

Yaşamın tarihi, 'sıçramalı evrim' resmiyle, filogenik gradüalizm kavramından daha uygun bir şekilde temsil edilmektedir. Evrim tarihi, ihtişamla açılan bir süreç değil, yalnızca 'nadir' (yani, zamanı gelince oldukça sık) anı ve periodik türleşme olaylarıyla rahatsız edilmiş homeostatik dengelerin hikayesidir."[99]

Punctuated Equilibrium (Sıçramalı Evrim) teorisinin hem mantığında hem de biliminde büyük problemler vardır. Öncelikle mantıksal problemi açıklayacağım. Hem sıçramalı evrim'de hem de Neo-Darwinizm'de, yeni özellikler ve nitelikler, rastgele mutasyonlar üzerinden doğal seçilimin etkisiyle yaşayan organizmalarda ortaya çıkar. Yeni özelliklerin veya niteliklerin organizmalarda ortaya çıkmasıyla ilgili iki faktör vardır ve her ikisi de popülasyonun genel büyüklüğüne bağlıdır.

Standart evrim teorisine göre evrim veya yeni yaşam formlarının ortaya çıkması, rastgele mutasyonlar yoluyla yeni özelliklerin ortaya çıkmasına ve bu özelliklerin, o özelliklere sahip organizmaların üremesiyle bir popülasyonda yerleşmesine dayanır. Yeni özelliklere sahip organizmaların, bu özellikler yaygın hale gelene kadar üremesi, bu özelliklerin popülasyonda "sabitleşmesi" olarak adlandırılır.

Burada akılda tutulması gereken önemli bir şey vardır. Popülasyon ne kadar büyükse, rastgele mutasyonların faydalı özellikler üretme şansı o kadar iyi olur. Popülasyon ne kadar küçükse, özelliklerin, üreme yoluyla popülasyonda yayılma şansı o kadar artar. Sıçramalı Evrim'nin temel konsepti allopatrik türleşmedir.

Bu kavram, bir çevresel değişim veya jeolojik olay nedeniyle, bir türün popülasyonunun bir kısmının genel popülasyondan izole olduğunu belirtir. Aynı türün bu genel popülasyonunun küçük bir kısmında, yeni özelliklerin daha kolay sabitlenmesi nedeniyle hızlı evrim gerçekleşir.

İşte bu konsepteki problem. Küçük bir popülasyonda, özelliklerin daha kolay sabitlenebileceği doğrudur. Ancak problem, daha küçük popülasyonlarda rastgele mutasyonların yeni faydalı özellikler üretmesinin çok daha zor olmasıdır. İşte bu konsept ile ilgili Chicago Üniversitesi paleontoloğu Thomas J. M. Schopf'tan bir referans:

"Yeterince değişken olabilecek kadar büyük, ancak rastgele sürüklenme nedeniyle gen frekanslarında büyük değişikliklere izin verecek kadar küçük popülasyonlarda."[100]

Yeni özelliklerin sabitlenmesini, popülasyonu azaltarak daha kolay hale getirmeye çalışarak, bu mekanizma o özelliklerin ortaya çıkmasını çok daha zor hale getirir. Bu, sıçramalı evrim ile ilgili temel bir problemdir ve popülasyon boyutlarını değiştirmenin bu sorunu çözmeyeceği, hatta teorik olarak bile mümkün olmadığıdır.

Sıçramalı Evrim'de yer alan bir diğer önemli kavram da tür seçimi kavramıdır. Standart evrim teorisinde, organizmalar veya bir türün üyeleri, hayatta kalma ve kaynaklar için birbirleriyle rekabet ederler ve organizmalardaki özelliklerin gelişimi ve sabitlenmesi evrimsel değişime yol açar. Sıçramalı Evrim'de ise, tüm türler seçim birimleridir, bireysel organizmalar değil. Türler, Sıçramalı Evrim'de, standart Neo-Darwinci Evrim'deki bireysel organizmaların oynadığı aynı rolü üstlenir. Stephen Jay Gould'dan bu konuyla ilgili bir referans:

"Makroevrimin merkezi önermesi olarak, türlerin mikroevrimde organizmaların üstlendiği temel birey rolünü oynadığını öneriyorum. Türler, makroevrimsel değişim teorileri ve mekanizmalarında temel birimleri temsil eder."[101]

Bu olguyla ilgili problem şudur. Tür seçimlerinin yeni yaşam formları ve yeni özellikler üretememesinin çok basit bir nedeni vardır. Tür seçimleri, birçok türün var olduğunu ve bunların doğal seçilim süreciyle seçilebileceğini varsayar. Ancak bunun problemi, tür seçimlerinin türlerin kökenlerini açıklayan bir mekanizma olması gerektiğidir; ancak bu, türlerin zaten var olduğunu varsaydığı için türlerin kökenini açıklamamaktadır. Bu, tür seçimlerinin temel problemidir.

Bu ve birçok başka nedenlerden dolayı, sıçramalı evrim evrimsel biyologlar tarafından geniş ölçüde kabul edilmemekte ve fosil kayıtları sorununa bir çözüm olarak görülmemektedir. Bu gerçeğe dair bazı referanslar:

"Modern Sentez (ya da 'Neo-Darwinizm'), Darwin'in doğal seçilim teorisi ile Mendel'in genetik üzerine araştırmalarının uzlaşmasından doğmuş olup, evrim teorisinin temelini oluşturmaya devam etmektedir. Ancak, ortaya çıktığı günden bu yana, küçük tartışmalardan tamamen reddedilmeye kadar uzanan eleştirilerin odak noktası olmuştur. Eleştirmenler arasında en ünlülerinden biri Stephen Jay Gould'dur. Gould, 1980 yılında Modern Sentez'in 'etkili bir şekilde ölü' olduğunu ilan etmiştir. Gould ve diğerleri, doğal seçilimin rastgele mutasyonlar üzerindeki etkisinin, makroevrimsel çeşitlilik ve ayrışma desenlerini açıklamak için tek başına yeterli olmadığını ve fosil kaydından elde edilen bulguları açıklamak için yeni süreçlerin gerektiğini öne sürdüler. 1982 yılında Charlesworth, Lande ve Slatkin, bu eleştiriye bir yanıt olarak Evolution dergisinde, Neo-Darwinizm'in gerçekten makroevrimsel desenleri açıklamak için yeterli olduğunu savundukları bir makale yayımladılar. Evrim Çalışmaları Derneği'nin 75. Yıldönümü için bu Perspektifte, Charlesworth ve arkadaşlarını tarihi bağlamında gözden geçiriyor ve argümanlarına modern destek sağlıyoruz. Makroevrimsel desenlerin incelenmesinde mikroevrimsel süreçlerin önemini vurguluyoruz. Nihayetinde, sıçramalı evrim evrimsel biyolojide büyük bir devrim temsil etmediğine – ancak bu noktada yapılan tartışmaların önemli araştırmalara ilham verdiği ve alanı ileriye taşıdığına – ve Neo-Darwinizm'in hâlâ canlı ve sağlam olduğuna karar veriyoruz."[102]

"Bir evrim teorisinden beklediğim temel şey, kalpler, eller, gözler ve eko-lokasyon gibi karmaşık, iyi tasarlanmış mekanizmaları açıklamasıdır. Hiç kimse, en tutkulu tür seçimcisi bile, tür seçiminin bunu yapabileceğini düşünmüyor."[103]

"[sıçramalı evrimi savunanlar tarafından] birçok türün ani ortaya çıkışını ve uzun süreli durağanlığını açıklamak için önerilen genetik mekanizmalar, gözlemlere dayalı destekten bariz bir şekilde yoksundur."[104]

"Tür düzeyinde evrimsel değişim için mücadele eden teorilerden hiçbiri, filogenik aşamalılık veya sıçramalı evrim, [yeni vücut planlarının] kökenini açıklamak için uygulanabilir görünmemektedir."[105]

Bu referanslar, fosil kayıtları sorununa yönelik bu girişimsel çözümün açıkça başarısız olduğunu ortaya koymaktadır. Bu kitabın bir sonraki bölümünde, bu argümanın yanlışlanabilirliği ve bilimsel olup olmadığını tartışacağız.

Yanlışlanabilirlik

Bu kitapta daha önce de belirttiğim gibi, bir argümanın veya fenomenin bilimsel olabilmesi için yanlışlanabilir olması gerekir. Bu, hipotez veya teorinin çeliştiği bazı kanıtların veya verilerin bulunması gerektiği anlamına gelir. Hayatın tasarlandığı veya akıllı tasarım olduğu iddialarına karşı en yaygın itirazlardan biri, bunun çürütülemez olduğudur. Bu itirazla ilgili bir referans:

"Bir hipotezin bilimsel bir teori haline gelmesi için, etrafımızda gördüğümüz şeyleri açıklayan ve onu diğer açıklamalardan ayıran spesifik tahminler yapan ilkelere dönüştürülmesi gerekir. Sadece makul bir alternatif gibi görünmek yeterli değildir; bir teori, bir duruş sergilemeli ve yanlış olduğu kanıtlandığında risk almalıdır. Karl Popper adlı bir filozof, bir teorinin yalnızca 'yanlışlanabilir' olduğunda teori olduğunu gözlemlemiştir.

Akıllı tasarım çürütülemez çünkü henüz kontrol edebileceğimiz herhangi bir tahminde bulunmamaktadır. Ve işte bu, akıllı tasarımın, dünya üzerindeki yaşamın fosil ve genetik kaydının bilimsel bir açıklaması olarak evrimin yanındaki ders kitaplarında yer almaması gerektiğinin basit bir nedenidir."[106]

Bu bölüm boyunca gördüğünüz gibi, evrim teorisi fosil kaydının yavaş yavaş değişmesi gerektiğini öngörmektedir. Ancak, evrimciler açısından, fosil kaydı ani ve keskin olsa bile bu durum evrim ile uyumludur. Eğer durum böyleyse, fosil kaydının deseni argümanı evrim için nasıl çürütülebilir bir kanıt haline geliyor? Fosil kaydı ne olursa olsun, evrim ile uyumlu olduğu için çürütülebilir değildir.

Farklı fosil kayıtlarının evrimin farklı mekanizmalarını destekleyeceği kesin, ancak hayatın rehbersiz fiziksel süreçler tarafından oluştuğu inancı ve evrensel ortak soy inancı her durumda fosil kaydı ile uyumludur. Bu nedenle, fosil kaydının deseni, hayatın rehbersiz süreçler tarafından oluştuğuna ve evrensel ortak soydan kaynaklandığına dair bilimsel bir kanıt olamaz.

Göz önünde bulundurulması gereken bir başka çok önemli soru var. Birçok evrimci yanlışlanabilirlik için belirli bir ölçüt vermeye çalışacaktır. Evrimin yanlışlanabilir olduğuna dair evrimci argümanı vurgulamak için sadece bir referans alıntılayacağım:

"Şimdi terimin ne anlama geldiğini açıkladığımıza göre, evrimin yanlışlanabilir olup olmadığını belirleyebiliriz. Daha önce ele alınan evrim bilimi göz önünde bulundurulduğunda, evrim kesinlikle yanlışlanabilirdir (Isaak 2007, 21). Bir örnek, olmaması gereken bir katmanda karmaşık bir tür bulmaktır. Bunu daha net hale getirmek gerekirse, evrim teorisi zaman ilerledikçe türlerin karmaşıklığının ve biyoçeşitliliğinin genellikle arttığını belirtir. Başka bir deyişle, daha eski katmanlarda bulmayı beklediğimiz fosiller, daha yeni katmanlardakilerden daha basit olmalıdır. Evrim teorisi, beklenilen bir gelişmiş türün daha erken bir dönemde, yani daha eski bir katmanda bulunması durumunda çürütülebilir. Kısaca, Kambriyen patlamasından (Şekil 1.2'de 550 milyon yıl önce işaretine bakın) önce bir tavşan bulmak – tarihte daha önce görülmemiş karmaşık organizmaların ani bir şekilde ortaya çıktığı bir olay – oyunun kurallarını değiştirebilir (Pigliucci 2002, 216–231; Sober ve Elgin 2017, 46). Ya da gen dizilerinin beklentilerimizle uyuşmadığını bulmak. Bunlar, evrimi bir teori olarak kolayca çürütmüş olabilecek bazı örneklerdir. Bu nedenle, evrimin çürütülebilir olmadığı ve dolayısıyla bilimsel olmadığı iddiası tamamen yanlıştır."[107]

Bu, evrimcilerin evrimin çürütülebilir olduğu iddialarını desteklemek için sundukları standart bir argümandır. Bu argümanın çaresizliği ve zayıflığı gerçekten şaşırtıcıdır. Evrimciler, eğer bir insan, tavşan veya aslan gibi karmaşık bir hayvan Kambriyen patlamasından önce ortaya çıkarsa, bunun evrimi çürütüceğini savunuyor. Bu kriterle ilgili büyük problemler vardır.

Birinci büyük problem, eğer Kambriyen patlamasından önce bir aslan, insan, tavşan veya benzeri karmaşık bir hayvan gerçekten var idiyse, bunun var olduğunu nasıl bileceğimizdir? Evrimcilere göre, fosil kaydı o kadar zayıftır ki, yaşam tarihinin sürekli olarak yanlış bir resmini vermekte ve sayısız tür fosil kaydında eksik kalmaktadır. Eğer durum böyleyse, karmaşık hayvanların Kambriyen'den önceki fosillerinin var olması son derece düşük bir ihtimaldir. Yani, karmaşık hayvanlar Kambriyen öncesinde var olmuş olsa bile, evrimcilere göre bunun farkında olmamız son derece olası değildir; bu nedenle, bu çürütme kriteri açık nedenlerle geçersizdir.

Bu kriterle ilgili ikinci problem, evrimci argümanların tümünün genel kalıplara dayandığıdır. Bunlar, canlı organizmalardaki benzerliklerin kalıpları, fosil kaydının kalıpları, biyocoğrafya kalıpları, genetik tarafından oluşturulan belirli kalıplar vb. olabilir. Sebep, evrimin bir dönüşüm teorisi olmasıdır ve dönüşümleri gözlemleyebilmemiz için kalıplara ihtiyaç vardır.

Peki, evrimin çürütme kriterleri fosil kaydının veya genetiğin kalıplarına dayanamaz mı? Gördüğünüz gibi, eğer çürütme kriterleri fosil kaydının kalıplarına dayansaydı, evrim çürütülmüş olurdu. Bu kitapta daha sonra göreceğiniz gibi, eğer çürütme kriterleri genetik kalıplarına dayansaydı, evrim çürütülürdü.

Bu kriterle ilgili üçüncü problem, eğer aslanlar, tavşanlar veya insanlar Kambriyen öncesinde ortaya çıksaydı, bu durumun evrim için bir sorun teşkil etmeyeceğidir. Evrimciler, bireysel fosillerin evrimcilerin beklediği zamanda ortaya çıkmadığında ortaya koydukları aynı açıklamaları getirebilirler. Bununla ilgili belirli bir örneği bir sonraki bölümde veriyorum.

Evrimciler, bu fosiller ile günümüzdeki hayvanlar arasındaki benzerliklerin paralel evrimden kaynaklandığını söyleyebilirler veya evrimciler, varsayımsal Kambriyen öncesi karmaşık hayvanların, yılanlar gibi evrimsel kazananlar olduğunu iddia edebilirler. Evrimciler, Kambriyen patlaması, yılanların evrimi, dinozorların evrimi ve birçok diğer örnekte olduğu gibi, evrimin hızlı ve ani bir tempoda gerçekleştiğini söyleyebilirler. Bu nedenlerle, evrimcilerin evrimin çürütülebilir olduğu iddiası, yanıltıcı ve dürüst değildir.

<u>Sonuç:</u>

Bu bölümde, evrim için bu argümanda bulunan mantıksal ve bilimsel büyük sorunları ortaya koydum. Evrimcilerin yaşamın bir akıllı tasarımcı olmadan ortaya çıkabileceğini göstermek için kullandığı birkaç argümandan biri olduğu düşünüldüğünde, bu bölüm bu inancın zayıflığını göstermelidir. Bir sonraki bölüm, fosil kaydına dayanan evrim için ikinci argümanı ele alacaktır.

Geçiş veya ara fosiller

Bu, fosil kaydı temelinde Evrim için ikinci bağımsız bir argümandır. Bu argümanın temel mantığı, bazı yaşam formlarının özelliklerine ve bazı diğer yaşam formlarının özelliklerine sahip birçok fosilin keşfedilmiş olmasıdır. Bu fosiller, en iyi şekilde, iki farklı yaşam formu arasında ara veya geçiş formları olarak açıklanır. Ayrıca, bu fosiller evrim teorisinin öngörüleri arasındadır ve bu öngörülerin gerçekleşmiş olması, Evrim lehindeki bu argümanın gücünü vurgular.

Bu argüman, fosil kaydının desenine (örüntüsüne) dayalı argümandan iki önemli şekilde farklıdır. Birinci fark, fosil kaydının deseni konusunda evrimsel biyologlar arasında bazı anlaşmazlıklar varken, bu konuda herhangi bir anlaşmazlığın bulunmamasıdır. İkinci fark ise, bu argüman evrimin mekanizmasına yönelik değildir ve dolayısıyla, yaşamın rehbersiz fiziksel süreçler sonucunda ortaya çıktığına dair inancı destekleyemez. Bu argüman yalnızca evrensel ortak ataya yönelik bir argümandır.

İşte evrim teorisinin geçiş fosilleriyle ilgili olarak ne öngördüğünü açıklayan bir referans:

"Fosil Kaydında Evrime Kanıt Ne Oluşturur? Birkaç tür kanıt vardır. Birincisi, evrimin genel tablosudur: Kaya tabakalarının tüm sıralaması tarandığında, erken dönemdeki yaşamın oldukça basit olduğu, daha karmaşık türlerin ise ancak bir süre sonra ortaya çıktığı görülmelidir. Dahası, bulduğumuz en genç fosiller, yaşayan türlere en çok benzeyenler olmalıdır.

Ayrıca, soy hatları içinde evrimsel değişim örneklerini de görebilmeliyiz; yani, bir hayvan veya bitki türünün zaman içinde farklı bir şeye dönüşmesi beklenir. Daha sonraki türlerin, önceki türlerin soyundan geldiklerini gösteren özelliklere sahip olması gerekir. Ve yaşamın tarihi, türlerin ortak atalardan ayrılmasını içerdiğinden, bu ayrılmaları fosil kaydında gözlemleyebilmeli ve bu atalara dair kanıtlar bulabilmeliyiz. Örneğin, 19. yüzyıl anatomistleri, vücut yapılarındaki benzerliklere dayanarak memelilerin eski sürüngenlerden evrimleştiğini öngörmüşlerdi. Dolayısıyla, memelilere daha çok benzeyen sürüngen fosilleri bulabilmemiz gerekir. Elbette fosil kaydı eksik olduğundan, büyük yaşam formları arasındaki her geçişi belgelememiz beklenemez. Ancak en azından bazı geçişlere dair kanıtlar bulmalıyız."[108]

Evrimcilere göre fosil kayıtlarının ara fosiller açısından ne gösterdiğine dair bir referans:

"Şimdi tüm tabakaları sıraya koyup tarihlerinin tahminini yaptıktan sonra, fosil kayıtlarını alttan üste doğru okuyabiliriz. Şekil 3, yaşam tarihinin basitleştirilmiş bir zaman çizelgesini göstererek, ilk organizmaların yaklaşık 3,5 milyar yıl önce ortaya çıkmasından bu yana gerçekleşen başlıca biyolojik ve jeolojik olayları tasvir etmektedir. Bu kayıt, değişimin açık bir resmini sunar; basitten karmaşığa doğru bir ilerleme sergiler. Şekilde sürüngenler ve memeliler gibi grupların 'ilk görünümleri' gösterilse de, bu modern formların aniden ve yoktan gelmiş gibi fosil kayıtlarında belirmesi anlamına gelmez. Aksine, çoğu grup için önceki formlardan kademeli bir evrim gözlemleriz (örneğin, kuşlar ve memeliler, milyonlarca yıl içinde sürüngen atalarından evrilmiştir). Ana gruplar arasındaki kademeli geçişlerin varlığı, aşağıda tartışacağım üzere, 'ilk görünüm'e tarih atamayı bir ölçüde keyfi hale getirir."[109]

Fosil kayıtlarının kademeli olduğu yönündeki iddiayı çoktan çürüttüm. Bu durum, evrimcilerin aldatıcılığını ve dürüst olmadığını açıkça ortaya koymalıdır. Bu referans ve benzeri birçok kaynak, evrimcilerin inançlarını desteklemek için sergiledikleri açık yalanları ve sahtekârlığı gözler önüne sermektedir.

Fosil kayıtlarının ani ve beklenmedik olduğunu birçok ana akım evrimsel biyolog kabul ederken, bu popüler kitap fosil kayıtlarının kademeli olduğunu iddia etmektedir. Bu kitabın 2009'da yayımlandığı ve sıçramalı evrim (Punctuated Equilibrium) teorisinin 1970'lerde ortaya atıldığı göz önüne alındığında, evrimcilerin dürüstlükten uzak oldukları apaçık ortadadır.

Fosil kayıtlarında keşfedilmiş bazı sözde ara veya geçiş fosili örnekleri mevcuttur. Bu bölümde, en önde gelen geçiş fosili örneklerinden bazılarını ve bunlarla ilgili sorunları ele alacağım.

Burada akılda tutulması gereken çok önemli bir şey var. Bu argüman iki şekilde öne sürülmektedir. Birincisi, evrensel ortak ataya dair genel argümana çok benzer bir şekilde yapılır. Diğeri ise bunun evrim teorisinin gerçekleşmiş bir öngörüsü olduğu iddiasıdır. Şimdi bu argümanların her iki versiyonunu ayrı ayrı ele alacağım.

Benzerlik ve İmkânsızlık Argümanı

Bu argüman, iki farklı yaşam formuna ara veya benzer özellikler gösteren canlı organizmaların tesadüfen ortaya çıkmasının olası olmadığını ve dolayısıyla en iyi şekilde ortak atadan türedikleriyle açıklanabileceğini öne sürer. İşte bu argümanın mantığına dair Elliott Sober'dan bir referans:

"Bu anlamda, fosiller ortak ata çıkarımına dair probleme yeni bir unsur eklemez. Ancak, fosillerin yeni bir boyut kazandırdığı başka bir yol vardır. Diyelim ki X ve Y'nin özellik değerleri arasında bir fosilin ara özelliklere sahip olduğunu gözlemliyoruz. Ara bir fosilin keşfi, X ve Y'nin ortak bir ataya sahip olup olmadığı sorusunu nasıl etkiler? Yaratılışçılar sık sık ara fosil formlarının eksikliğinin evrim teorisine karşı bir kanıt olduğunu iddia eder. Evrimciler ise dinozorları kuşlara, kara tetrapodlarını balıklara, sürüngenleri memelilere ve kara memelilerini balinalara bağlayan sayısız ara fosil keşfedildiğine işaret eder. Elbette, X ve Y arasında ara bir I formu keşfederseniz, yine de I ile X arasında ve I ile Y arasında kalan formlar nerede sorusu sorulabilir."[110]

Sober ve onun gibi birçok kişinin öne sürdüğü tüm argüman, bu benzerliklerin ortak atanın doğru olduğu durumu, ayrı ataların doğru olduğu durumuna göre daha olası olduğudur. Bunun nedeni, bu benzerliklerin tesadüfen meydana gelme olasılığının düşük olmasıdır. Bu mantık, evrensel ortak ata için yapılan tüm argümanların genel mantığıyla aynıdır. Benzerliklerin tesadüfen oluşma olasılığı düşük olduğu için, en iyi şekilde ortak ata ile açıklandıkları söylenebilir.

Bu argümanı 3. Bölüm'de detaylı bir şekilde ele aldım, bu yüzden burada fazla detay vermeyeceğim. Ancak bu argümanla ilgili kısaca bir yanıt vereceğim. Sözde ara fosillerde bulunan benzerliklerle ilgili en az dört olası seçenek vardır: Tesadüf, zorunluluk, ortak tasarım ve ortak atalık.

Evrimci argüman, bu benzerliklerin tesadüfen meydana gelme olasılığının düşük olduğudur. Bu iddianın problemi, evrimin en yaygın varsayımlarından ve gerekçelerinden birinin, milyarlarca yıl içinde her şeyin mümkün olabileceği olduğudur. Eğer durum buysa, o zaman bu benzerliklerin tesadüfen oluşması pek de imkansız değildir.

Bu benzerlikler fiziksel zorunluluk nedeniyle de mevcut olabilir. Bu, bu benzerliklerin mevcut olmaması durumunun olası veya imkânsız olduğunu ifade eder. Bu, birçok modern evrimcinin, ortak atadan dolayı olması mümkün olmayan benzerlikleri açıklamak için başvuracağı mantıktır ve evrimci görüşe göre bu benzerliklerin açıklanmasında fiziksel zorunluluğun reddi için hiçbir gerekçe olmadığıdır.

Bu benzerlikler elbette ya ortak tasarımdan ya da ortak atadan kaynaklanıyor olabilir. Ancak ortak tasarımı, ortak atadan daha fazla tercih etmemiz gereken neden, Ockham'ın usturasıdır. Evrimcilere göre, canlılar arasında ortak atadan kaynaklanan birçok benzerlik vardır, ancak kesinlikle ortak atadan kaynaklanamayacak birçok benzerlik de vardır.

Eğer ortak atalık, ilk benzerlik setinin gerekçesi olarak kullanılıyorsa, o zaman ikinci benzerlik seti için başka bir açıklama getirilmesi gerekmektedir. Ortak tasarım, başka açıklamalar gerektirmeden her iki benzerlik setini de açıklayabildiği için ortak atadan daha basittir. Bu noktalara 3. Bölüm'de derinlemesine girdim ve bu sadece bir özet.

Evrimciler, ortak ata için yapılan argümanları bağımsız argümanlar olarak sunmaya çalışsalar da, hepsi benzerliklerin ortak atadan kaynaklandığı veya en iyi şekilde bununla açıklandığı varsayımına dayanmaktadır. Eğer bu varsayım yanlış veya temelsiz olduğu kanıtlanırsa, o zaman bu argümanların hepsi çürütülmüş olur çünkü bu argümanların hepsi bu varsayıma bağlıdır.

Gerçekleşmiş Öngörüler Argümanı

İşte bu fosillerin evrim teorisinin öngörüleri olduğuna dair bir referans:

"Evrimsel biyologlar, boşluklar nedeniyle belirli türler hakkında öngörülerde bulunmuşlardır. Bu tür örneklerden biri, Şekil 1.7'de gösterilen Tiktaalik'tir. Evrimin geniş ilkeleri göz önüne alındığında, genel anlatı, yaşamın denizde başladığıdır. Milyonlarca yıl geçtikçe, balıkların var olmaya ve evrim geçirmeye başlamasıyla, bir şekilde kara erişimini sağlayan özellikler geliştirdikleri düşünülmüştür. Evrimsel biyologlar, deniz ve kara hayvanlarının biyolojik özelliklerini taşıyan bir tür örneğin mutlaka var olmuş olması gerektiğini öngördüler. İşte bu noktada Tiktaalik devreye giriyor. Balıklara ait temel özellikleri ile ve karada yaşayan hayvanlar için gerekli olan ilkel bir akciğer sistemi ile önemli bir keşif olarak görülmüştür ve belirli bir geçişi açıkça göstermektedir (Rogers 2011, 22–23; Futuyma ve Kirkpatrick 2017,

447–449). Bu, evrimin bu tür keşifler için en iyi anlatıyı sağladığını gösteren en ünlü örneklerden biridir."[111]

Bu argüman, bu ara fosillerin evrensel ortak ata tarafından özel olarak öngörüldüğünü ve dolayısıyla evrensel ortak ata için bir gerçekleşmiş öngörü olduğunu ifade etmektedir. Bu, referansta bahsedilen Tiktaalik gibi bazı durumlarda doğrudur. Bu hayvanlar, evrim teorisi tarafından öngörülmüştür ve bu nedenle teorinin gerçekleşmiş öngörüleri olarak meşru bir şekilde iddia edilebilir. Ancak bu argüman çizgisinde evrimciler için bir problem vardır.

Ara fosillerdeki benzerlikler için ortak tasarım gibi alternatif açıklamalar mevcuttur. Ortak tasarım, evrimcilerin kendileri tarafından kullanılan ölçüt olan Ockham'ın usturası ile ortak atadan daha iyi bir açıklamadır. Fakat evrimciler, bu iddiayı ortaya atarken, bunun evrensel ortak ata için bir gerçekleşmiş öngörü olduğunu söyleyerek, en azından bu fosillerle ilgili olarak evrensel ortak ataya karşı argüman sunan kişinin üzerinde ispat yükünün olduğunu ifade edeceklerdir!

Bu akıl yürütmedeki sorun, evrim teorisinin başarısız öngörülerinin onlarca örneğinin var olmasıdır. Bu kitapta genetik kodun evrenselliği, yaygın dönüşümsel evrim, Kambriyen patlaması ve fosil kayıtlarının genel düzeni gibi bu başarısız öngörülere bazı örnekler verdim. Daha fazla örneği de bu kitapta ilerleyen bölümlerde sunacağım.

Evrimciler, doğru bir öngörünün evrime karşı argüman sunan kişinin ispat yükümlülüğünü değiştirdiğini düşünüyorsa, evrimin tüm başarısız öngörüleri neyi ifade eder? Bu durumda, bu başarısız öngörüler, ispat yükümlülüğünü evrimcilere kaydırır. Bu başarısız öngörü durumlarında, evrimciler sadece ad hoc açıklamalar uyduracaklardır. Eğer evrimciler sadece ad hoc açıklamalar uydurabiliyorsa, akıllı tasarım savunucuları neden aynı şeyi yapamasın, özellikle bu açıklamalar evrimcilerin kendilerinin kullandığı ortak tasarım ve Ockham'ın usturası gibi ölçütlere uyuyorsa? Burada mevcut olan çift standartlar gerçekten akla ziyan.

Geçiş Fosilleri Tasarımın Başarısız Bir Öngörüsü mü?

Bu ara fosillerle ilgili başka bir yaygın argüman, bu ara türlerin veya fosillerin Tasarım doğruysa olmasının olası olmadığı ve Tanrı'nın bu ara türleri yaratmayacağıdır. Bu argümanı açıklayan bir referans:

"Bir göksel tasarımcının, bir mimarın binaları tasarladığı gibi organizmaları sıfırdan yaratması için var olanların özelliklerini yeniden şekillendirerek yeni türler üretmesinin hiç bir nedeni yoktur. Her bir tür, baştan aşağı inşa edilebilir. Ancak doğal seleksiyon yalnızca mevcut olanı değiştirerek etkili olabilir. Yeni özellikleri yoktan var edemez. Darwinizm, o halde, yeni türlerin eski türlerin değiştirilmiş versiyonları olacağını öngörür. Fosil kaydı bu öngörüyü yeterince teyit etmektedir."[112]

Bu spesifik argümanı ele almadan önce, akılda tutulması gereken çok önemli bir şey var. Bu argüman, baştan sona, Tanrı'nın nasıl hareket edeceğine ve nasıl hareket etmeyeceğine dair sezgilere dayanmaktadır. Evrimciler ve ateistler, sezgilerin kanıt olmadığını iddia etmek isteseler de, hayatta tasarımın olmaması ve Tanrı'nın varlığına karşı olan tüm argümanlar, Tanrı'nın nasıl hareket edeceğine ve nasıl hareket etmeyeceğine dair sezgilere dayanmaktadır. Bu, onların dürüstsüzlüğünün ve çaresizliğinin bir başka kanıtıdır.

Ayrıca akılda tutulması gereken çok önemli bir başka nokta daha var. Tanrı'nın nasıl hareket edeceğine dair varsayımlara dayanan tüm bu argümanlar, kişiden kişiye veya kültürden kültüre değişen öznel sezgilere dayanmaktadır. Bunun kanıtı, tarihte var olmuş olan sayısız farklı Tanrı kavramıdır. Herkesin Tanrı'nın nasıl hareket edeceğine dair hemfikir olduğu tek bir tekdüze bir yol yoktur. Bu argümanların çoğu, tercihlerini Tanrı'ya yansıtmaktan ibarettir. Bir kişinin veya kültürün öznel sezgileri, başka bir kişinin veya kültürün sezgileriyle çelişmektedir. Bu nedenle, bu sezgiler kanıt olarak alınamaz ve bu da bu argümanı geçersiz kılmaktadır.

Bu argümanda bir başka büyük problem daha var. Argüman, Tanrı yaşamı yaratmış olsaydı, tamamen farklı yaşam formları yaratmış olacağı varsayımında bulunmaktadır. Bu, mantıksız bir argümandır ve neden böyle olduğunu göstermek için basit bir benzetme kullanacağım. Diyelim ki bir kıyafet tasarımcısı, farklı renklerde gömlekler üretiyor. Tamamen beyaz bir gömlek, siyah bir gömlek, mavi bir gömlek, pembe bir gömlek var. O tasarımcının, siyah ve beyaz bir gömlek, beyaz ve mavi bir gömlek veya siyah ve pembe bir gömlek gibi çoklu renklere sahip gömlekler yapmasının olağandışı veya mantıksız bir yönü var mı? Bu tamamen olağan ve mantıklı bir durumdur.

O halde neden Tanrı'nın bir memeliye benzeyen bir hayvan, bir sürüngene benzeyen bir hayvan ve hem memelilerin hem de sürüngenlerin özelliklerini taşıyan bir hayvan yaratmasının mantıksız veya olası olmadığı düşünülsün? Bununla ilgili garip veya alışılmadık bir durum yoktur. Bu basit benzetme, bu argümanın ne kadar zayıf ve çaresiz olduğunu göstermektedir. Bu bölüm, bu argümanın mantıksal problemleriyle ilgilenmektedir. Şimdi, evrimcilerin evrim için kanıt olarak yaygın bir şekilde kullandığı bazı ünlü geçiş fosillerinin problemlerini tartışacağız.

Şimdi, evrensel ortak atanın kanıtı olarak yaygın bir şekilde alıntılanan 3 geçiş fosilini veya geçiş fosilleri serisini analiz edeceğiz. Bu fosiller temelinde yapılan argümanlardaki mantıksal problemleri ve ayrıca bilimsel problemleri de ele alacağız.

Tiktaalik

Bu ara fosil ile ilgili bazı arka plan bilgileri. Standart evrim teorisine göre, yaşam denizde başlamıştır ve sürüngenler, memeliler, kuşlar ve amfibiler, balıklardan türemiştir. Balıklarla ve balıklardan türediği iddia edilen kara hayvanları ile ilgili özellikler taşıyan fosiller yoktu. Evrim teorisi, belirli bir konumda ve belirli bir dönemden geçiş fosilinin bulunması gerektiğini öngörür. Fosil keşfedilmiştir ve bu nedenle evrim teorisinin gerçekleşmiş bir öngörüsüdür. İşte bu fosilin arkasındaki arka plan ve bunun evrensel ortak atayı nasıl kanıtladığına dair iki referans:

"Evrimsel biyolojinin en büyük gerçekleşmiş öngörülerinden biri, 2004 yılında balıklar ve amfibiler arasında bir geçiş formunun keşfidir. Bu fosil türü Tiktaalik roseae'dir ve omurgalıların karada nasıl yaşamaya başladığı hakkında çok şey anlatmaktadır. Keşfi, evrim teorisinin muazzam bir onaylanmasıdır. ... İşte burada öngörü devreye giriyor. 390 milyon yıl önce yüzgeçli balıklar ama kara omurgalıları yoksa, 360 milyon yıl önce belirgin kara omurgalıları varsa, geçiş formlarının nerede bulunmasını beklersiniz? Bir yerlerde, arada. Bu mantığı izleyerek, Shubin, eğer geçiş formları varsa, fosillerinin yaklaşık 375 milyon yıl yaşındaki tabakalarda bulunacağını öngördü. ... [Tiktaalik'in] keşfi sadece beklenmiyordu, aynı zamanda belirli bir yaş ve belirli bir yerde gerçekleşmesi öngörülüyordu."[113]

"[Tiktaalik]'i bulmamız altı yıl sürdü, ancak bu fosil paleontolojinin bir öngörüsünü doğruladı: yeni balık sadece iki farklı hayvan türü arasında bir ara form değil, aynı zamanda bunun da doğru tarihsel dönemde ve doğru antik ortamda bulunduğunu gördük. Cevap, antik akarsularda oluşmuş 375 milyon yıllık kayalardan geldi."[114]

Bu argümanın mantığı, evrim teorisinin belirli ve gerçekleşmiş bir öngörüsü olduğudur. Buradaki mantıksal problem, evrim teorisinin sayısız yanlış öngörüsü olduğu gerçeğidir. Bu durumda, evrimcilerin alternatif açıklamalar geliştirmekte özgür hissedeceklerdir. O halde, bu fosil için neden alternatif açıklamalar geliştiremeyelim, özellikle de bizim alternatif açıklamamız olan ortak tasarım, evrimcilerin kendilerinin kullandığı kriter olan Ockham'ın usturasını karşıladığı halde?

Ancak bu fosilin evrensel ortak ata için kanıt olarak kullanılmasında önemli bir bilimsel problem de bulunmaktadır. Bu fosilin evrimin güçlü bir kanıtı olarak görülmesinin nedeni, bu fosilin evrim teorisinin öngördüğü tam dönemden gelmesidir. Bilimsel problem ise, bu argümanı oluşturmak için kullanılan zaman çizelgesinin daha eski fosiller tarafından yanlışlanmış olması ve bu fosilin ortaya çıkma zaman ve yeriyle ilgili argümanın artık geçerli olmamasıdır. İşte bu gerçeği belirten iki referans, ana akım evrimci biyologlardan:

"Balık-tetrapod geçişinin bu nedenle oldukça iyi belgelenmiş olduğu görülüyordu. Bazı elpistostegaliyanlar (Tiktaalik veya Panderichthys gibi) ile tetrapodlar arasındaki ayrışmanın Givetiyen döneminde, yani 391–385 milyon yıl önce meydana gelmiş olabileceği konusunda bir fikir birliği vardı. En eski fosil tetrapodlarla eş zamanlı olarak, Geç Devoniyen'e tarihlenen ayak izleri, kıyılarda yürüme veya sürünme yeteneklerinin kanıtıydı.

Ancak şimdi, Niedzwiedzki ve arkadaşları bu tabloya bir bomba yerleştiriyor. Polonya'nın Zachemie bölgesinden, açıkça tarihlendirilen, belirgin parmak izleri taşıyan tetrapod ayak izlerinin şaşırtıcı keşfini bildiriyorlar; bu izler, 397 milyon yıl önceki en alt Eifelian dönemine tarihlenmektedir. Bu alan (eski bir taş ocağı), yaklaşık 0.5 ila 2.5 metre toplam uzunluğa sahip birkaç birey tarafından bırakılan bir düzine ayak izini ve taş kırıntıları üzerinde bulunan çok sayıda izole ayak izini ortaya çıkarmıştır. Bu izler, en eski tetrapod iskelet kalıntılarından 18 milyon yıl önce ve daha şaşırtıcı bir şekilde, en eski elpistostegalian balıklardan yaklaşık 10 milyon yıl önceye tarihlenmektedir."[115]

"Bütün bunlar ne anlama geliyor? Bu, elpistostegidlerin orta Frasniyen'deki tetrapodların hızlı evriminin bir geçiş formunu temsil ettiği, stratigrafi ve filojeni arasında güzelce bir hediye ambalajı ile sunulmuş ilişkisi acı bir illüzyon olduğu anlamına geliyor. Eğer - Polonya ayak izlerinin gösterdiği gibi - tetrapodlar Eifelian döneminde zaten var idiyse, o zaman ayaklarımızın altındaki devasa bir evrimsel boşluk açılmıştır."[116]

Bu fosilin, evrim teorisi tarafından öngörülen tam zamanda bulunması argümanı, artık ana akım evrimci biyologlar tarafından bile çürütülmüştür. Bu fosilde geriye kalan tek şey, hem balıklara hem de amfibilere benzer özelliklere sahip bir hayvandır. Şimdi yapılan argüman, bu fosilin balıklar ile amfibiler arasında bir ara tür olarak en iyi şekilde açıklanabileceğidir, ancak bu argüman temelsizdir. Bu benzerlikler için birden fazla açıklama vardır ve bunlardan bazıları, evrimcilerin kendilerinin kullandığı kriterlere göre ortak atadan daha iyi açıklamalardır. Dolayısıyla, bu fosile dayanan argüman çürütülmüştür.

<u>Archaeopteryx</u>

Bu, 1861'de keşfedilen bir fosildir. Kuşların theropod dinozorlardan türediği iddiasını desteklemek için kullanılmıştır. Bu çıkarımın ana nedeni, kuşlar ile theropod dinozorlar arasında belirli benzerliklerin olması ve bu fosilin hem theropod dinozorlarının hem de kuşların özelliklerini taşımasıdır. İşte bu fosile dayanan argümanı açıklayan bir referans:

"On dokuzuncu yüzyıldan bu yana, kuşların ve bazı dinozorların iskeletleri arasındaki benzerlikler, paleontologların ortak bir ataya sahip olduklarını teorileştirmesine neden oldu - özellikle, iki ayak üzerinde yürüyen çevik, etçil dinozorlar olan theropodlar. Yaklaşık 200 milyon yıl önce, fosil kaydı birçok theropod gösterirken, kuş benzeri hiçbir şey yoktu. 70 milyon yıl önce ise, oldukça modern görünen kuş fosilleri görüyoruz. Eğer evrim doğruysa, o zaman 70 ile 200 milyon yıl arasındaki kayalarda sürüngen-kuş geçişini görmeyi beklemeliyiz.

Ve işte burada. Kuşlar ve sürüngenler arasındaki ilk bağlantı, aslında Darwin tarafından biliniyordu; ilginçtir ki, bu bağlantıyı sadece The Origin'in sonraki baskılarında kısa bir şekilde, sadece bir tuhaflık olarak anmıştır. Belki de tüm geçiş formlarının en ünlüsü: 1860'ta Almanya'daki bir kireçtaşı ocağında keşfedilen, karga büyüklüğündeki Archaeopteryx lithographica. (Archaeopteryx adı "eski kanat" anlamına gelir ve "lithographica" Solnhofen kireçtaşından gelir; bu, litografik levhalar yapmak için yeterince ince tanelidir ve yumuşak tüylerin izlerini korur.) Archaeopteryx, bir geçiş formunda bulunması beklenen özelliklerin mükemmel bir kombinasyonuna sahiptir. Ve yaşı, yaklaşık 145 milyon [...]"[117]

Buradaki argümanın mantığı, Tiktaalik ile aynı. Varsayıma göre, dinozorlardan kuşlara geçişi belgeleyen bir fosil var ve bu geçişin evrim teorisine göre gerçekleşmesi gereken belirli zamanda bulunduğu iddia ediliyor.

Bu, ana akım evrim biyolojisinde neredeyse genel bir görüş, ancak bu iddiayla ilgili büyük problemler var ve bu da kuşların theropod dinozorlardan türediği iddiasının bazı ana akım evrimci biyologlar tarafından sorgulanmasına neden oldu.

Bu argümanın ilk problemi, dinozorlar ile kuşlar arasında büyük anatomik farklılıklar olmasıdır. Bu farklılıklar, bu hipotezi ve sözde evrimsel geçişi implausible(makul olmayan) hale getirir. İşte bu konuya dair bir makaleden alıntı yapan popüler bir ana akım bilim web sitesinden bir referans, anatomik problemleri açıklıyor ve ayrıca bu fosillerin zamanlamasına da değiniyor:

"Sonuçlar, OSU araştırmacılarına göre, başka gelişen kanıtlara katkıda bulunarak nihayetinde bir çok paleontolojistleri modern kuşların antik, etobur dinozorların doğrudan torunları olduğu inancını yeniden gözden geçirmeye zorlayabilecek.

OSU zooloji profesörü John Ruben, "Yüzyıllar boyunca kuşları ve uçmayı araştırdıktan sonra bile, hala kuş biyolojisinin temel bir yönünü anlayamamış olmamız gerçekten şaşırtıcı," dedi. "Bu keşif, muhtemelen kuşların dinozorlarla paralel bir yolda evrimleştiği ve bu sürece, çoğu dinozor türü var olmadan önce başladıkları anlamına geliyor."

Bu çalışmalar, The Journal of Morphology dergisinde yeni yayımlandı ve Ulusal Bilim Vakfı tarafından finanse edildi.

OSU uzmanlarına göre, kuşlardaki femur ya da uyluk kemiğinin büyük ölçüde sabit olduğu ve kuşları "diz koşucuları" haline getirdiği on yıllardır bilinmektedir; bu, neredeyse tüm diğer kara hayvanlarının aksine bir durumdur. Ancak yeni keşfedilen şey, kuşların kemik ve kaslarının sabit konumunun, kuşun nefes alırken hava kesesi akciğerinin çökmesini engellediğidir.

Sıcak kanlı kuşlar, soğukkanlı sürüngenlerden yaklaşık 20 kat daha fazla oksijene ihtiyaç duyar ve yüksek gaz değişim hızı ve yüksek aktivite seviyesine izin veren benzersiz bir akciğer yapısı geliştirmiştir. Alışılmadık uyluk kompleksi, akciğeri desteklemeye ve çökmesini engellemeye yardımcı olur.

"Bu, kuş fizyolojisi açısından temeldir," dedi bu çalışmayı doktora çalışmaları kapsamında tamamlayan OSU zooloji eğitmeni Devon Quick. "Bundan önce hiç kimsenin bunu fark etmemesi gerçekten tuhaf. Kuşlardaki uyluk kemiği ve kaslarının konumu, akciğer işlevleri açısından kritik öneme sahiptir ve bu da onlara uçmak için yeterli akciğer kapasitesini sağlar."

Ancak, bilim insanlarının belirttiğine göre, karada yürüyen diğer tüm hayvanların hareketlerine dahil olan hareketli bir uyluk kemiği vardır – insanlar, filler, köpekler, kertenkeleler ve antik geçmişte dinozorlar dahil.

Araştırmacılar, kuşların muhtemelen theropod dinozorlardan, örneğin tyrannosaurus veya allosaurus'tan türemediğinin sonucunu çıkardılar. Bu bulgular, son yirmi yılda hayvan evrimi hakkında en yaygın kabul edilen bazı inançlara meydan okuyan büyüyen bir kanıtlar yelpazesine katkıda bulunmaktadır.

Ruben, "Bir kere, kuşlar, türetilmeleri gereken dinozorlardan daha önce fosil kayıtlarında bulunuyor," dedi. "Bu, oldukça ciddi bir sorun ve kuşların dinozorlardan geldiği teorileriyle çelişen başka tutarsızlıklar da var.

"Ama birçok bilim insanının kuşları dinozorlardan türemiş olarak göstermeye devam etmesinin başlıca nedenlerinden biri akciğerlerindeki benzerliklerdi," dedi Ruben. "Ancak, theropod dinozorlarının hareketli bir femuru vardı ve dolayısıyla kuşlardaki gibi çalışan bir akciğere sahip olamazlardı. Eğer varsa, karın hava keseleri çökme riski taşırdı. Bu, dinozor-kuş bağlantısını destekleyen kritik bir kanıt parçasını zayıflatıyor.""[118]

Bu referans, kuşların theropod dinozorlardan türediği iddiasıyla ilgili anatomik sorunları kısaca açıklıyor. Ayrıca, kuşların sözde atalarından daha erken fosil kaydında görünmesi sorununa da kısaca değiniyor. Bu sorun, Alan Feduccia adında bir evrimsel biyolog tarafından "zamansal paradoks" olarak adlandırılmıştır. Bu sorunla ilgili bir referans burada:

"Kuşların kökeni sorununu çözdüğünden oldukça memnun olduğunu hissettim, ancak yerden havalanan kuş uçuşunun kökeni sorununun bir türlü yerli yerine oturmadığı belliydi ve ortaya çıkan zaman sorununu kesinlikle anlıyordu; bunu daha önce "zamansal paradoks" olarak adlandırmıştım. Deinonychus, yaklaşık 110 milyon yıl önceye tarihlenen Cloverly Formasyonu'ndan geliyordu; bilinen en eski kuş olan Archaeopteryx ise 150 milyon yıl önceye tarihlenen Solnhofen kireçtaşından. Dolayısıyla Ostrom'a göre, burada kuşların soyuna sözde yakın olduğu iddia edilen bir hayvan vardı, ancak yaklaşık kırk milyon yıl daha genç olan urvogel'den daha gençti. Nasıl olur da bir atalar kuşunu temsil edebilirdi?"[119]

Evrimcilerin sıkça verdiği bir yanıt, belirli dinozor fosillerinin kuş fosillerinden daha sonraki bir zamana ait olmasının, kuşların mutlaka belirli dinozorlardan önce var olduğu anlamına gelmediğidir. Belirli dinozorların daha önce var olmuş olabileceği, ancak fosillerinin bulunmadığı durumu söz konusu olabilir. Bu doğru, ancak argümanla ilgili hâlâ bir sorun var.

Yukarıda verilen senaryo kesinlikle mümkündür. Buradaki sorun, evrimcilerin fosilin, evrim doğruysa tam olarak olması gereken yerde bulunması argümanını ortaya koymuş olmalarıdır. Bu argüman, bu fosilin belirli bir zamanda olmaması nedeniyle çürütülmüştür. Belirli dinozorların doğru zamanda var olmuş olma ihtimali olsa da, bu fosil onların var olduğunu kanıtlamaz ve bu, evrimcilerin argümanını önemli ölçüde zayıflatır.

Bu sorun, paleontologlar tarafından iyi bilinmektedir; ancak son zamanlarda ortaya çıkan kanıtlar, sorunun boyutunu büyük ölçüde artırmıştır. Kasım 2023'te, Cape Town Üniversitesi'nden bilim insanları, 210 milyon yıl öncesine ait kuş benzeri fosil ayak izlerini tanımladı. İşte bu çalışmadan bir referans:

"Ayak izi morfolojisi, iz yapan hayvanın ayağının anatomisini yansıtır ve hayvanın davranışına dair doğrudan kanıt sağlar. Dolayısıyla, fosil izler antik çeşitliliği, etoloji ve evrimsel eğilimleri anlamak için kullanılabilinir. Bu, bir hayvan grubunun erken tarihinin sınırlı fosil iskelet materyaline dayanması nedeniyle derin zaman aralıkları için özellikle yararlıdır. Erken kuşlar ve theropodların, kuşların dinazorumsu bir arada var olan ataları, fosil izleri, Erken Kretase döneminden itibaren kayaç kayıtlarında birlikte bulunur. Ancak, dinazordan kuşa evrimsel geçiş ve kuşların kökeninin zamanlaması hâlâ tartışmalıdır. Aurornis, Anchiornis, Archaeopteryx ve Xiaotingia gibi en temel kuşların iskelet kalıntıları Orta ile Geç Jura dönemine aittir; buna karşın, dinozorlara atfedilen, kuş benzeri özellikler taşıyan ayak izleri Geç Triyas dönemine kadar uzandığı bilinmektedir. Burada, güney Afrika'dan, temel kuş iskelet fosillerinden yaklaşık 60 milyon yıl önceye tarihlenen, kanıtlanmış kuş benzeri özellikler taşıyan birçok, iyi bir şekilde kaynaklandırılmış, Geç Triyas ve Erken Jura üç parmaklı ayak izini sunuyoruz."[120]

İşte bu sorunu tartışan iki ana akım bilim web sitesinden referanslar:

"Peki, en erken bilinen kuşlar en az 50 milyon yıl sonra ortaya çıkmadıysa, ayak izlerini kim yaptı?....

Doğru zamanda, doğru yerde ve doğru oranlarla yaşayan bir hayvana ait fosil bulunana kadar, Trisauropodiscus izlerini kimin oluşturduğu gizemi devam ediyor."[121]

"Araştırmacılar, Afrika'daki yaklaşık 210 milyon yıl geriye uzanan bazı kuş benzeri ayak izi fosillerine daha yakından bakıyorlar.

Bu ayak izleri, bir tür gizem oluşturuyor: En eski kuş atalarına ait fosiller bir 60 milyon yıl boyunca bile daha ortaya çıkmıyor."[122]

Bu referansların gösterdiği gibi, bu fosilin tarihlendirilmesi üzerine yapılan argüman artık geçersiz. Burada evrim için geriye kalan tek argüman benzerlikler, ancak bu benzerlikler, akıllı tasarım gibi alternatif açıklamalarla daha iyi açıklanabilir. Dolayısıyla, bu argüman da çürütülmüştür.

Geçiş Dönemi Balina Fosilleri

Balina evrimi ve balina evrimini gösterdiği iddia edilen fosiller, evrimin ve evrensel ortak ata teorisinin en büyük kanıtlarından biri olarak görülmektedir. Bu durum, evrimcilerin geçiş fosilleri için en iyi olası seçenek olarak kabul edilmektedir. Bu durum, daha önce tanımlanan fosillerden farklıdır çünkü bu fosiller tek bir fosili temsil ederken, balinalar söz konusu olduğunda, sözde bir geçiş fosilleri serisi bulunmaktadır. İşte balinalar hakkında arka plan bilgisi:

"Balinalar, suya dayalı yaşam tarzları ve sağlam, kolayca fosilleşebilen kemikleri sayesinde mükemmel bir fosil kayıtına sahiptir. Ve nasıl evrim geçirdikleri son yirmi yıl içinde ortaya çıkmıştır. Bu, evrimsel bir geçişin en iyi örneklerinden biridir; çünkü onların karadan suya geçişlerini gösteren, belki de atalar ve torunlar hiyerarşisinden oluşan, kronolojik olarak sıralanmış bir fosil serisine sahibiz.

On yedinci yüzyıldan bu yana, balinaların ve akrabaları olan yunuslar ve porsukların memeli olduğu kabul edilmektedir. Sıcak kanlıdırlar, canlı doğururlar ve yavrularını sütle beslerler; ayrıca üfleme deliklerinin etrafında tüyleri vardır. Balina DNA'sından elde edilen kanıtlar ve rudimenter pelvisleri ve arka bacakları gibi kalıntı özellikler, atalarının karada yaşadığını göstermektedir. Balinalar muhtemelen çift toynaklı (artiodactyl) bir türden evrimleşmiştir; bu, deve ve domuz gibi çift sayıda parmağa sahip memelilerin grubudur."[123]

İşte sözde ata balina fosilleriyle ilgili bir referans:

"Altmış milyon yıl önce, birçok fosil memeli vardı, ancak fosil balina yoktu. Modern balinalara benzeyen yaratıklar otuz milyon yıl sonra ortaya çıkıyor. O halde, bu boşlukta geçiş formlarını bulabilmemiz gerekiyor. Ve bir kez daha, tam da oradalar. Şekil, elli iki ile kırk milyon yıl önceki geçiş dönemine ait bazı fosilleri kronolojik sırayla göstermektedir.....

Sıra, balinaların yakın bir akrabasına ait yeni keşfedilen bir fosil olan Indohyus ile başlıyor. Kırk sekiz milyon yıl önce yaşayan Indohyus, tahmin edildiği gibi, bir çift toynaklıdır.... Indohyus, büyük ölçüde sucul balina atalarından biraz daha sonra ortaya çıkmasına rağmen, muhtemelen balina atalarının nasıl göründüğüne çok yakındır. Ve en azından kısmen suculdu.....

Indohyus, balinaların atası değildi, ancak neredeyse kesinlikle onun kuzeniydi. Ancak dört milyon yıl daha geriye, elli iki milyon yıl öncesine gidersek, muhtemelen o atayı görebiliriz. Bu, Pakicetus adı verilen, bir kurt büyüklüğünde bir yaratığa ait fosil bir kafatasıdır; Indohyus'tan biraz daha balina benzeri olan, daha basit dişlere ve daha balina benzeri kulaklara sahiptir.... Elli milyon yıl önce, uzamış bir kafatasına ve küçültülmüş ama hâlâ sağlam uzuvlara sahip olağanüstü Ambulocetus (kelimenin tam anlamıyla, "yürüyen balina") vardır; bu uzuvlar, kökenini gösteren toynaklarla sona ermiştir. Muhtemelen çoğu zaman sığ sularda yaşamış ve karada, bir fok gibi, ağır ağır yürümüştür. Rodhocetus (kırk yedi milyon yıl önce) daha da suculdur. Nostalrilleri biraz geriye kaymış ve daha uzamış bir kafatasına sahip olmuştur...... Nihayet, kırk milyon yıl önce, kısa boyunları ve kafataslarının üzerinde üfleme delikleri olan açıkça tamamen sucul memeliler olan Basilosaurus ve Dorudon fosillerini buluyoruz. Bunlar karada hiç zaman geçiremezlerdi, çünkü pelvisleri ve arka uzuvları küçültülmüştü (Dorudon'un ayakları yalnızca ayak uzunluğundaydı) ve iskeletin geri kalanıyla bağlantılı değildi."[124]

Ayrıca, keşfedilen iki tane daha yakın fosil var. Bunlar Kutchicetus ve Maiacetus. Bu sözde geçiş fosilleri nedeniyle, balina evrimi evrimin en büyük kanıtlarından biri olarak görülüyor, ancak bu argümanın hem mantığı hem de bilimi açısından büyük sorunlar var. İlk sorun, bunun kronolojik olarak sıralanmış bir fosil dizisi olmamasıdır. Evrimci bir kaynağı okuduğunuzda bile, en az balina benzeri olan fosil Pakicetus, daha balina benzeri olan fosil Indohyus'tan daha geç bir zamana aittir.

Bu, küçük bir ayrıntı gibi görünebilir, ancak değildir ve bu, evrim için genel bir sorunu vurgular. Evrimcilerin yanıtı, Pakicetus fosilinin Indohyus'tan daha geç bir zamana ait olması nedeniyle, Pakicetus türünün Indohyus'tan önce var olmadığı anlamına gelmediğidir. Bu iddiayı kabul ediyorum ve kuş evrimi durumundaki gibi, balina evrimi ile ilgili zaman ölçeği nedeniyle bu makul bir yanıt.

Ancak bu, yine de evrimcilerin iddia ettiği gibi kronolojik olarak sıralanmış bir fosil serisi değildir. Bunun, balina evrimi için genel argümanı mutlaka çürütmediğini düşünüyorum; balina evrimi ile ilgili başka sorunlar da var, ancak evrimciler hâlâ fosilleri uzatarak bu fosillerin kronolojik bir sırada bulunduğu yönündeki yanlış argümanı desteklemeye çalışıyorlar, ki bu gerçekte öyle değil.

Ancak dikkat edilmesi gereken önemli bir şey var; Tiktaalik ve kuş evrimi ile ilgili bölümlerde gördüğümüz gibi, sözde geçiş fosilleri nadiren evrimcilerin beklediği yerde ortaya çıkıyor ve çoğu zaman fosillerin ait olduğu zaman, evrim için büyük sorunlar yaratıyor. Bu nedenle, evrimcilerin hayali soylar icat etmesi gerekiyor.[125]

Hayali bir soy, fosil kanıtı bırakmamış bir türün soydaki varsayımsal bir atadır, ancak fosil kaydındaki boşluklar veya genetik kanıtlar nedeniyle var olduğu veya var olduğu düşünülebilir. Bu, evrim için genel ve büyük bir sorun teşkil etmektedir.[126] Fosiller, evrimciler tarafından en çok tanıtılanlar bile, genellikle olmaları gereken yerde değildir. Bunun bir kısmı fosil kaydındaki sorunlarla açıklanabilir. Ancak sorunun büyük ölçeği ve kuş evrimi gibi birçok şey, kötü bir fosil kaydı ile geçiştirilemez. Dolayısıyla evrimcilerin kronolojik olarak sıralanmış bir fosil dizisi iddiası son derece sorunludur.

Burada başka bir sorun daha var. Evrimciler, fosil kayıtlarındaki çok sayıda sorunlu durumu kötü fosil kaydı sonucu olarak açıklamaya çalışabilirler. Bunun geçerli bir yanıt olduğunu düşünmüyorum. Ancak bu geçerli bir yanıt ise, evrimcilerin fosillerin evrimsel tahminleri desteklediğini iddia ettiği durumların çoğu için de bu geçerli olabilir. Bu, Tiktaalik ve kuşların fosilleşmiş ayak izleri durumunda tam olarak olan şeydir. Her iki durumda da, fosil kaydının daha geniş bir örneklemesi evrimci argümanları çürütmüştür. Şimdi balina evrimi konusuna geri dönelim.

Sözde geçiş fosillerinin yakınlığı dışında, balina evrimini desteklemek için kullanılan ana argümanlardan biri, Pakicetus'un orta kulaklarındaki involucrum adı verilen bir kemiğe sahip olduğudur. Pakicetus ile balinalar arasında büyük farklılıklar olduğunu aklınızda bulundurun. Bu gerçeği hiç kimse inkar etmiyor. Bu kemik daha önce yalnızca yunuslar, balinalar ve porsuklarda bulunmuştu. Bu hayvanlar topluca "cetacean" olarak adlandırılır. Bu kemiğin, ortak soydan başka açıklamaları da olabilir, örneğin, paralel evrim veya ortak tasarım gibi.

Burada akılda tutulması gereken ilginç bir şey var. Indohyus'un da bir involucrumu vardır, ancak Indohyus cetacean olarak sınıflandırılmamaktadır. İşte onun sınıflandırmasıyla ilgili bir referans:

"İnvolucrum şimdiye kadar tüm fosil ve modern cetaceanlarda görülen, ancak diğer hiçbir memelide bulunmayan tek özellikti. Indohyus'ta involucrumun tespit edilmesi, cetacean olmanın ne anlama geldiğini sorgulamaktadır: Ya Cetacea kavramının Indohyus'u da içerecek şekilde genişletilmesi ya da involucrumun artık cetaceanları tanımlayan bir özellik olmaktan çıkarılması gerekmektedir."[127]

Bu, Indohyus'taki involucrumun ortak atadan gelmediği anlamına gelir. Dolayısıyla, eğer Indohyus'un involucrumu ortak atadan kaynaklanmıyorsa, Pakicetus'un involucrumunun da ortak atadan gelmemesi neden olasılık dışı olsun?

Bir şeyi daha aklınızda bulundurun. Ana akım evrimsel biyologlara göre bile bu fosillerin hiçbiri doğrudan birbirlerinin atası olarak kabul edilemez. Bunun nedeni, her birinin ataları olabilmesi için bazı özelliklerini kaybetmesi gerekmesidir. İşte bu gerçeğe dair bir referans:

"Ambulocetus, Rodhocetus, Pakicetus ve diğer türlerin her birinin kendine özgü ayırt edici özellikleri vardır ve bilinen diğer türlerin doğrudan ataları olarak kabul edilmeleri için bu özelliklerini kaybetmeleri gerekir."[128]

Burada ayrıca, bu fosillerin evrimciler tarafından çizilen pürüzsüz geçiş tablosuna uymayan daha başka sorunlar da vardır. Bir sonraki sayfadaki görsel, fosilleri ve onların varsayılan ilerleyişini iyi bir şekilde göstermektedir. Bu görseli, bu geçiş fosilleriyle ilgili birçok sorunu ve bunların evrimcilerin iddiaları açısından neden problem teşkil ettiğini vurgulamak için kullanacağım.

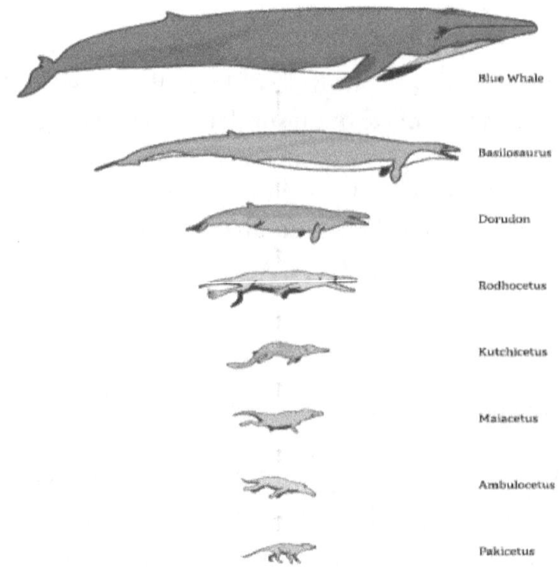

Basilosaurus ve Dorudon'un her ikisinin de tamamen sucul balinalar olduğunu unutmayın. Zaten balina oldukları için geçiş fosili olarak kabul edilemezler. Bu argümanın gücü veya zayıflığı, diğer beş varsayılan geçiş fosiline dayanarak değerlendirilecektir.

2009'da keşfedilen Maiacetus fosili, içinde hâlâ bir fetüs barındıran hamile bir dişiye aitti ve doğum pozisyonu kara memelilerine dikkat çekici bir şekilde benziyordu. Aşağıdaki referansta da belirtildiği gibi:

"Fetal iskelet, büyük yapılı kara memelilerinde evrensel olan baş önde doğum pozisyonunda yer almıştır, ancak bu pozisyon tamamen sucul deniz memelilerinde anormaldir."[129]

Maiacetus'in evrimsel biyologlara göre "dev bir tatlı su samuruna" en çok benzediğini unutmayın.[130] Çoğu samur, hayatlarının büyük bir kısmını karada geçirir.[131] Bu, Maiacetus'un da Ambulocetus ve Pakicetus gibi esas olarak karada yaşadığını gösterir. Rodhocetus'un üst köpek dişlerinin üzerinde dış burun delikleri, ön torasik omurlarda yüksek sinir çıkıntıları ve kara memelilerindekilere benzer sakroiliak eklemleri olan dört sakral omuru vardır (bu da vücut ağırlığını destekleyebilen bir kalça eklemi olduğunu düşündürür).[132] Kutchicetus, kısa, ağırlık taşıyan bacaklarıyla bir timsaha benziyordu.[133] Ayrıca, Kutchicetus, varsayılan ataları olan veya Ambulocetus ve Maiacetus gibi atalarına en çok benzeyen hayvanlardan daha küçüktü.[134] Eğer Kutchicetus, kendisinden büyük Ambulocetus gibi hayvanların torunu ve kendisinden büyük Rodhocetus gibi hayvanların atasıysa, bu durum pek olası veya beklenen bir durum değildir.

Bu fosillerin balinaların evrimine işaret ettiğine dair iddialarla ilgili bazı problemli özellikler bunlardır. Elbette bu hayvanlar arasında birçok benzerlik vardır ve sırayla dizilmeleri bir dereceye kadar ardışık bir düzen gösterir, ancak bu durum yalnızca ortak ataya dayalı evrimle açıklanamaz. Evrimcilerin kendilerinin bile kabul ettiği üzere, bu özelliklerden en az bazıları ortak atadan kaynaklanmaz. Üstelik bu hayvanlardaki benzerlikler, ortak tasarım ile de açıklanabilir.

Fosillerdeki benzerlikler ve ardışık sıralama, evrim teorisinin bir kanıtı olarak görülebilir ve bu argüman genellikle evrimsel teorinin gerçekleşmiş bir öngörüsü olarak sunulur. Ancak, bu argüman çizgisinin sorunu, evrim teorisinin sayısız hatalı öngörüsünün bulunmasıdır. Evrimciler bu başarısız öngörülere makul olmayan açıklamalar getirebiliyorsa, akıllı tasarım savunucuları da gerçekleşen nadir evrimsel öngörüler için alternatif açıklamalar sunabilir. Aradaki fark, bizim sunduğumuz alternatif açıklamanın—bu durumda benzerlikler için ortak tasarım—ateistlerin kendilerinin kullandığı kriterleri karşılamasıdır.

Bir başka argüman ise, bu fosillerin ardışık düzeniyle ortak ata veya evrimin gerçekleşiyor gibi görünmesi ve bu nedenle evrime karşı çıkan kişiye ispat yükümlülüğü düşmesidir. Ancak bu iddiada birkaç sorun vardır. Birincisi, eğer evrimciler bu şekilde bir akıl yürütme yapacaklarsa, fosil kayıtlarının tamamı evrim gerçekleşmiyormuş gibi görünür çünkü ortaya çıkışları aniden ve beklenmedik şekilde gerçekleşir.

İkinci olarak, evrimciler, dizilimi evrimsel teoriye uymayan tüm fosillerin kendi bulundukları dönemden farklı zamanlarda ortaya çıktığını iddia edebiliyorsa, biz de aynı şeyi balina evrimi için söyleyebiliriz. Belki bu türler, fosillerinin bulunduğu zamandan farklı bir dönemde ortaya çıktı. Bu, evrimcilerin kendilerince bile mümkündür ve sık sık bu açıklamayı kullanırlar.

Evrimcilerden gelen başka bir argüman, bu fosillerin varlığını evrim dışında açıklamanın tek yolunun, Tanrı'nın bizi yanıltmak istemesi olduğu olabilir. Ancak bu argümanda birçok sorun vardır. İlk olarak, Tanrı'nın nasıl davranacağına dair varsayımlara dayanan her argüman, kişiden kişiye ve kültürden kültüre değişen öznel sezgilere dayanır. Bu tür sezgiler objektif kanıt olarak kabul edilemez.

İkinci olarak, burada iki farklı argüman vardır. İlki, Tanrı neden bu kadar benzer türler yaratsın ve bunları ardışık bir zaman diliminde oluştursun? Tasarımcıların benzer bir modelde ürünler yaratmasında olağandışı bir şey yoktur. Bu her zaman olur. Örneğin, tüm Apple ürünlerinin belirli benzer özellikleri vardır. Peki benzer ürünlerin ardışık olarak yaratılması neden olağandışı olsun? Apple'ın ürettiği tüm iPhone modellerine bakın; onların da ardışık benzerlikleri vardır. Bu, sayısız örnekten sadece biridir. Tasarımcılar her zaman bu şekilde yaratırlar.

Dahası, bu türlerin evrimi temsil ettiği bile söylenemez. Bu iddiayı destekleyen en güçlü argüman, serinin ortasında yer alan Kutchicetus'un hem atalarından hem de torunlarından çok daha küçük olmasıdır. Ayrıca, bazı balinamsı hayvanlarda bulunan belirli benzer özelliklerin ortak atadan kaynaklanamayacak olması da evrimin gerçekleştiğine dair iddiayı zayıflatır.

Bir diğer önemli nokta, evrimcilerin, bizim duygu ve anlayışlarımızı Tanrı için öncelikli varsaydıklarıdır. Neden böyle bir şey varsayılsın? Bu noktada, evrimci taraftan yana bir sempati duyabilirdim, eğer tutarlı bir epistemolojileri olsaydı. Ancak onların epistemolojisi çifte standartlara ve seçmeci yaklaşımlara dayalıdır; bunu 3. bölümde göstermiştim. Bu yüzden onların duyguları ve varsayımları değersizdir. Bu da ilk argümanı çürütür.

İkinci argüman ise, eğer evrim gerçekleşmiyorsa, Tanrı neden evrim gerçekleşiyormuş gibi görünen fosilleri keşfetmemizi sağladı? Bu soruya basit bir yanıt verilebilir: Hiçbir kutsal kitapta, özellikle Kur'an'da, Tanrı'nın yaptığı her şeyi anlamamız ya da her şeye dair bize bir sebep verilmesi gerektiği söylenmez. Bu, çaresiz evrimcilerin ve ateistlerin temelsiz bir varsayımıdır.

Bu varsayımı ne kadar düşünürseniz, o kadar anlamsız olduğunu fark edersiniz. Deneyimlerimizde, bize bakmakla veya üzerimizde otorite sahibi olmakla yükümlü olan biri, her yaptığı şeyin arkasındaki sebebi açıklama zahmetine girer mi? Kimse bunu yapmazken, evrimciler neden Tanrı'nın yaptığı her şeyin sebebini bize açıklamasını beklesin?

Üstelik, bu yanıt tüm argümanın sezgilere dayandığı gerçeğini göz ardı etmektedir—ki evrimciler sezgileri kanıt olarak kabul etmezler. Sonuç olarak, evrimcilerin argümanları birçok açıdan başarısızdır ve çoğu durumda, tasarım ve ayrı köken argümanlarına karşı verdikleri yanıtlarla kendi argümanlarını çürütürler. Bu üç örnek, geçiş fosilleri üzerinden geliştirilen evrimci argümanı ele almak için yeterlidir.

<u>Yanlışlanabilirlik</u>

Fosil kaydı ve yanlışlanabilirlik konularını önceki bölümde ayrıntılı bir şekilde ele aldım. Burada benzer noktaları yeniden ele almam gerekmiyor. Ancak bu argüman, önceki argümandan basit ve net bir şekilde farklıdır.

Bu argümanın ilk farkı, kendiliğinden yanlışlanamaz olmasıdır. Bunun nedeni şudur: Diyelim ki belirli bir geçiş fosili bulduk. Bu fosil, evrim için bir kanıt olabilir ve evrimle uyumludur. Şimdi diyelim ki belirli bir geçiş fosili bulamadık. Fosil kaydının zayıflığı nedeniyle bu eksiklik de evrimle uyumlu kabul edilir. Bu argümana dair bir referans:

"Her zaman "boşluklar" olacaktır; bunlar sadece daha dar hale gelir. Biyologlar, bu boşlukları, dar ya da geniş olsun, CA'ya (ortak ata) karşı bir kanıt olarak yorumlamazlar. Boşluklar, "fosil kaydının kusurluluğu" olarak değerlendirilir; fosiller sıklıkla oluşmaz ve oluşsalar bile, yok olmaları ya da biyologların onları bulamaması kolaydır. Evrimcilerin bu tepkisi, "kekim dursun ve bir yandan da karnım doysun(ne yardan ne serden)" istemeleri anlamına mı geliyor? Ara formların bulunmasının CA için bir kanıt olduğunu söylüyorlarsa, bunları bulamamaları CA'ya karşı bir kanıt değil midir?

Şimdi, evrimcilerin, X ile Y arasında ara bir fosil bulunmamasını açıklamak için fosil kaydının kusurluluğuna başvurduğunda "turada ben kazanırım, yazıda sen kaybedersin" oyununu oynadıkları suçlamasına dönebiliriz. Anahtar nokta, ara formların varlığını, bu ara formları gözlemlememizle karıştırmamaktır. Gördüğümüz gibi, CA hipotezi, eğer aşamalı evrim (gradualism) doğruysa, bunların birincisine bağlıdır. Ancak CA hipotezi, bu ara formları gözlemleyeceğimizi garanti etmez.

Bilim insanlarının sıkça tekrar ettiği eski bir deyim vardır: "Kanıt eksikliği, yokluğun kanıtı değildir." Mevcut bağlamda doğru olan, eğer fosil ara formlarını aramazsanız, onları bulamayacağınızdır ve bu durum ortak atadan ya da ayrı atadan kaynaklanan hipotezin doğru olup olmadığına bakılmaksızın geçerlidir. Böyle bir durumda, bir ara form bulamamak, ortak ata ve ayrı ata hipotezleri arasındaki rekabet hakkında hiçbir kanıt sunmaz. Ancak bu özel durumu bir kenara bırakırsak, bu deyim bir abartıyı içerir. Diyelim ki ara fosilleri aradınız ve bulamadınız. Bu sonuç, $0 < q, a < 1$ olduğunda iki hipotez altında eşit olasılıkla ortaya çıkmaz. Her sütundaki girişler, Şekil 4.15'te olduğu gibi, Şekil 4.14'te de olduğu gibi toplam 1 olmalıdır. Abartı yapmadan söylemek gerekirse, ilgili parametrelerin birçok değeri için bir fosil ara formunun gözlemlenmemesi, SA (ayrı ata) lehine CA (ortak ata) hipotezine karşı çok az kanıt sunar—kanıt eksikliği neredeyse değersizdir."[135]

Sonuç

Bu, evrim lehine yapılan en yaygın ve öne çıkan argümanlardan biridir. Bu argüman güçlü bir argüman olsa bile, yalnızca evrensel ortak ata fikrini kanıtlayacaktır. Bu tür argümanlar, hayatın rehbersiz ve kör fiziksel süreçler aracılığıyla ortaya çıktığını kanıtlayamaz, hatta prensipte bile. Ancak, bu argüman son derece zayıf olup mantıksal ve bilimsel sorunlar taşımakta ve evrimcilerin tasarım veya ayrı köken argümanlarına karşı ileri sürdükleri itirazlara açıktır. Bu durum, bu argümanı evrensel ortak ata için kanıt olarak değersiz kılmaktadır.

Burada bahsedilmesi gereken bir önemli nokta daha var. Balina evrimi, standart Neo-Darwinci evrim mekanizması için büyük sorunlar oluşturmakta ve akıllı tasarım lehine güçlü bir argüman sunmaktadır. Bu sorunu, Bekleme Süresi problemi üzerinde duracağım gelecekteki bir kitapta ele alacağım.

Genetik ve Filogenetik Ağaçlar

Bu bölümde, evrim için en önemli ve yaygın olarak kullanılan argümanlardan biri olan filogenetik ağaçları ele alacağım. Özellikle son birkaç on yılda bu konu öne çıkmıştır. Ayrıca, genetik hakkında kısaca bahsedeceğim. Bu, canlı organizmaların ve onlardaki süreçlerin anlaşılmasında son derece önemli bir konudur; ancak evrim kanıtları açısından genetiğin ayrıntıları o kadar da önemli değildir. Temel bir anlayış yeterlidir.

Genetik

Bu kitapta genlerin ve DNA'nın kavramını defalarca açıkladım. Şu an için bu kavramı açıklamak adına bir referans vereceğim:

"Evrimin ayrıntılarını anlamak için, genotip ve fenotip arasında bir ayrım yapmamız gerekiyor (Urry ve diğ. 2016, 274). Ebeveynlerin çocuk sahibi olduğu zamanlara geri dönelim. İnsanların çocuk sahibi olduğunda, ortalama olarak onlara benzediğini ama aynı zamanda onlardan farklı göründüğünü fark edeceksiniz. Biyoloji bunun neden olabileceğini açıklar. Tüm biyolojik varlıklar, genler adı verilen temel bir biyolojik birime sahiptir ve bunlar DNA'mızı oluşturur. Genler, nasıl görüneceğimize (örneğin saç rengi), hangi tür eğilimlerimiz olabileceğine (örneğin beslenme alışkanlıkları) ve sağlığımıza (örneğin sağlıklı olup olmadığımız veya bir hastalıkla mı doğduğumuz) dair planları içerir. DNA, kromozomlar olarak bilinen paketler halinde çocuklara aktarılır ve genellikle ebeveynlerin karışık bir karışımıdır (Urry ve diğ. 2016, 254–268). Bunun yarısı anneden, diğer yarısı babadan gelir. Bu dağılım göz önüne alındığında, çocukların neden ebeveynlerine benzer ama aynı zamanda onlardan farklı göründüğünü şimdi anlayabiliriz. Bu noktada, genotip ve fenotip arasındaki ayrım yararlı hale gelir. Genotip, biyolojik varlıkların genetik düzeyde ne olduğunu; fenotip ise gözlemlenebilir düzeyde ne olduğunu ifade eder.

Genotip fenotipi oluşturduğunda, bu duruma gen ifadesi denir (Urry ve diğ. 2016, 335). Örneğin, bir çocuğun siyah saç sahibi olma genetik kodlaması varsa, siyah saç ifade eder. Genotiplerin fenotiplere dönüşümü, biyolojik alemde yaygındır."[136]

İşte genetikten evrim için genel bir argümanı açıklayan bir referans:

"Genetik, evrim için en belirleyici kanıtlardan biridir. Bilimsel verilere bakmadan önce basit bir analojiyi düşünelim. Bir öğretmenin, basit lego bloklarından yapılmış bir kalesi olduğunu hayal edin. Öğretmen, yirmi öğrencisine ya bir lego bloğu eklemelerini, ya bir lego bloğunu çıkarmalarını, ya da kalede bulunan bir lego bloğunu değiştirmelerini veya olduğu gibi bırakmalarını söyler. Dahası, bunu yalnızca bir öğrenci sırayla yapabilir. İlk öğrenci, bir seçeneği belirler ve ayrılır. İşlemi tamamladıktan sonra öğretmen bir fotoğraf çeker. İkinci öğrenci gelip aynı şeyi yapar ve ardından öğretmen başka bir fotoğraf çeker. Bu işlem, kalan on sekiz öğrenci için sırayla devam eder. Sürecin sonunda öğretmen, kalenin zaman içinde nasıl değiştiğine dair tarihi bir kayıt elde eder. Şimdi, öğretmenin bu fotoğraf setini bu alıştırmayı yapmamış başka bir sınıfa verdiğini hayal edin. Ayrıca, düzeni tamamen karıştırıyor. Sınıf, fotoğraflardaki ipuçlarını kullanarak tarihi düzeni belirlemek zorundadır. Her öğrenci yalnızca bir değişiklik yapmaya (ya da hiç yapmamaya) izin verildiği için, öğrencilerin dizinin gerçek düzenine yaklaşması çok zor olmayacaktır. Genetik çalışmaları, kaba bir analoji olarak buna benzer...

Bu bulguyla ilgili ilginç olan şey, orangutanlar, maymunlar, şimpanzeler ve insanlar arasındaki kromozomlarda görebildiğimiz göreceli genetik benzerliklerdir; bu da aralarındaki ortak ataya dair önemli bir kanıt sunmaktadır."[137]

Akılda tutulması gereken önemli bir nokta şudur: Bu argümanın arkasındaki mantık, evrensel ortak ata için yapılan hemen her argümanın arkasındaki mantığa benzerdir. Benzerlikler tesadüfen oluşamaz ve bu nedenle, en iyi ortak atayla açıklanır. Evrimciler, evrensel ortak atanın bu farklı argümanlarının tamamen bağımsızmış gibi davranırlar.

Ancak, gerçek şudur ki bu argümanların arkasındaki temel mantığın, benzerliklerin tesadüf kaynaklı olamayacağı ve bu nedenle en iyi ortak atayla açıklanacağıdır. Bu argüman, kitapta daha önce birçok kez ele alındığı için aynı noktaları tekrar etmeye gerek yok. Dahası, bu argüman yalnızca evrensel ortak ata için bir kanıt sunar. Hayatın rehbersiz fiziksel süreçler aracılığıyla ortaya çıktığını kanıtlayamaz, hatta prensipte bile. Şimdi filogenetik ağaçlar üzerine daha önemli bir argümana odaklanalım.

Filogenetik Ağaçlar

Filogenetik ağaç, organizmalar arasındaki evrimsel ilişkileri temsil eden bir diyagramdır. Filogenetik ağaçlar, kesin gerçekler değil, hipotezlerdir. Bir filogenetik ağaçtaki dallanma düzeni, türlerin veya diğer grupların bir dizi ortak atadan nasıl evrimleştiğini yansıtır. Bu ağaçlar, genetik veya morfolojiye dayalı olarak oluşturulabilinir ve her bir genin veya farklı morfolojik özelliklerin temelinde ağaçlar inşa edilebilinir. İşte filogenetik ağaçların kavramını tanıtan bir referans:

"Filogenetik ağaç, aynı zamanda filogeni olarak da bilinen, farklı türlerin, organizmaların veya genlerin ortak bir atadan evrimsel soylarını gösteren bir diyagramdır. Filogeniler, biyolojik çeşitlilik hakkında bilgi düzenlemek, sınıflamaları yapılandırmak ve evrim sırasında meydana gelen olaylara dair içgörü sağlamak için faydalıdır. Ayrıca, bu ağaçlar ortak bir atadan gelen soyu gösterdiği için ve evrim için en güçlü kanıtların büyük ölçüde ortak ata şeklinde geldiği göz önünde bulundurulduğunda, filogenileri anlamak, evrim teorisini destekleyen çok yoğun kanıtlarını tam olarak takdir edebilmek için gereklidir.

Ağaç diyagramları, Charles Darwin döneminden beri evrimsel biyolojide kullanılmaktadır. Bu nedenle, şu anda çoğu bilim insanının "ağaç düşüncesi" olan filogenileri okuma ve yorumlama konusunda son derece rahat olduğunu varsayabiliriz. Ancak, evrimin ağaç modeli bir dereceye kadar sezgelere aykırı ve kolayca yanlış anlaşılabilmektedir. Bu, biyologların ancak son birkaç on yılda filogenetik ağaçların kapsamlı bir anlayışını geliştirmelerine neden olmuş olabilir. Bu anlayış, günümüzdeki araştırmacıların evrimi görselleştirmelerine, biyolojik çeşitlilik konusundaki bilgilerini düzenlemelerine ve devam eden evrimsel araştırmaları yapılandırıp yönlendirmelerine olanak tanır."[138]

Filogenetik ağaçlar inşa etmeyi öğreten bir makaleden bir referans:

"Morfolojiye dayalı bir evrimsel ağaç üretmek için kullanılan dört rehber ilke vardır:

- Birçok açıdan birbirine benzeyen organizmalar, yalnızca az bir benzerlik gösteren organizmalardan muhtemelen daha yakından ilişkilidir. Yani, yapıdaki benzerlik ne kadar büyükse (ortak özellikler ne kadar fazlaysa), iki form arasındaki olası ilişki de o kadar yakın olur.

- Evrim genellikle yapıdaki (ve işlevdeki) küçük değişimlerin yavaş yavaş birikmesinin sonucudur, ancak bazen daha büyük değişiklikler de olur.

- Genel olarak, daha basit formlar daha karmaşık olanlara, daha küçük formlar ise daha büyük olanlara dönüşür; ancak istisnalar da olabilir.

- Evrimsel süreçler geriye gitmez, ancak özel yapılar kaybolabilir."[139]

Benzer özelliklere dayalı bir ağaç oluşturmak, ortak atayı kanıtlamaz. Makale, öğrencileri evrim sonucu oluşmayan sınıftaki fiziksel nesneleri kullanarak filogenetik ağaçlar yapmaya teşvik ediyor. İşte bu ağaçların arkasındaki temel varsayımla ilgili başka bir referans:

"Moleküler sistematik, öncelikle Zuckerkandl ve Pauling (1962) tarafından açıkça ifade edilen, genel benzerlik derecesinin akrabalık derecesini yansıttığı varsayımına dayanır."[140]

Evrim için en yaygın argümanlardan biri ve genellikle evrim için en güçlü kanıt olarak sunulan argüman, farklı genlere dayanarak inşa edilen yaşam ağaçlarının aynı sonucu vermesidir. Bu, morfolojiye dayalı olarak inşa edilen ağaçlar ve hem genetik hem de morfolojik verileri dikkate alan ağaçlar için de geçerlidir. Eğer bir Akıllı Tasarımcı yaşamı yaratmışsa, bu pek olası değildir; ancak evrensel ortak kökenin doğru olması durumunda tam olarak beklenen budur. İşte bu argümanı sunan bir evrimciden bazı referanslar:

"Kıyaslamalı DNA (veya protein) kanıtı, evrimsel varsayıma dayanarak hangi hayvan çiftlerinin diğerlerine göre daha yakın akraba olduğunu belirlemek için kullanılabilinir. Bunu evrim için son derece güçlü bir kanıt haline getiren şey, her bir gen için ayrı ayrı genetik benzerlikler ağaçları oluşturabilmenizdir. Önemli sonuç ise, her genin yaklaşık olarak aynı yaşam ağacını sunmasıdır. Yine, bu, gerçek bir soy ağacı ile uğraşıyorsanız tam olarak bekleyeceğiniz bir durumdur. Eğer bir tasarımcı tüm hayvanlar âlemini inceleyip en iyi proteinleri seçseydi ya da "ödünç alsaydı", bu beklediğiniz bir durum olmazdı."[141]

"Modern DNA tekniklerini kullanarak genleri karşılaştırdığınızda, aslında genler arasındaki harf harf karşılaştırmalara bakarak gördüğünüz benzerlikler desenidir. İstediğiniz herhangi bir hayvan çiftinin -bitki çifti de olabilir- genlerini karşılaştırın ve sonra benzerlikleri çizdiğinizde mükemmel bir hiyerarşi — mükemmel bir soy ağacı — ortaya çıkar. Bunun bir soy ağacı olmaması için tek alternatif, akıllı tasarımcının en sinsi ve kurnaz şekilde bizi aldatmayı amaçlamış olmasıdır. Dahası, bu durum her gen için ayrı ayrı geçerlidir, ayrıca hiçbir işlevi olmayan ve bir zamanlar bir işlevi olan genlerin kalıntıları olan psödogenler için de geçerlidir."[142]

Bu argüman, evrimin en büyük kanıtı olarak sıkça sunulmaktadır. Ancak evrimciler için sorun şu: Onlar yalan söylüyor. Filogenetik ağaçlar son derece çelişkilidir ve bu gerçek onlarca yıldır bilinmektedir. Bu durumla ilgili olarak, ana akım hakemli dergilerden ana akım evrimsel biyologlardan referanslar sunacağım. Bu iddiaları öne süren evrimciler sadece yanlış bilgilendirilmiş değiller. Onlar yalan söylüyorlar ve bunu görmek için, evrimcilerden verdiğim referansların tarihlerine ve sunduğum diğer referanslara bakın. Bu referansların neredeyse tamamı hakem onaylı dergilerden. İşte referanslar:

2005 yılında, evrimsel biyologlar Antonis Rokas, Dirk Krüger ve Sean B. Carroll, on yedi hayvan grubundan elli geni analiz etti ve 'farklı filogenetik analizlerin [görünüşte] kesin destekle çelişkili sonuçlara ulaşabileceği' sonucuna vardılar.[143]

"Rekombinasyon, genom bölgeleri arasındaki evrimsel tarihi kesintiye uğratır ve bu nedenle farklı genom bölgelerinin evrimsel tarihleri farklı olabilir. Aslında, genler arasındaki çelişkili filogenetik sinyal yaygındır. Çelişkili sinyalin nedenleri istatistiksel veya sistematik olabilir. Sistematik hatalar nedeniyle yanlış ve güçlü desteklenen sonuçların önüne geçmek için, bu süreçleri hesaba katan uygun filogenetik yöntemlerin kullanılması temel bir öneme sahiptir."[144]

2009 yılında Trends in Ecology and Evolution dergisinde yayımlanan bir makalede, 'Böylesine büyük miktarda veriyi tür ağaçlarının çıkarımına dahil etmenin en büyük zorluklarından biri, genom boyunca farklı genlerde çelişkili soy ağaçlarının sıklıkla mevcut olmasıdır' denilmektedir.[145]

Bu 2021 tarihli makalede, 'Bir an önce ele alınması gereken bir zorluk, tam genom verilerinde gözlemlenen yaygın filogenetik çatışmadır' denilmektedir.[146]

Evrimsel moleküler sistematiğin öncülerinden Carl Woese, bu sorunların yaşam ağacının tabanından çok daha öteye uzandığını gözlemlemiştir: 'Filogenetik uyumsuzluklar [çatışmalar] her yerde görülür, evrensel ağaçta, kökünden çeşitli taksonlar içindeki ve arasındaki ana dallanmalara kadar ve birincil grupların yapısına kadar.'[147]

"Ortolog proteinleri tanımlamak için katı ve tekrarlanabilir kriterler uygulayarak, filogenetik analiz için çok sayıda protein kodlayan gen çıkarabildik. Birden fazla ortolog proteininin aynı anda yapılan analizimiz, farklı proteinlerin farklı görünür filogenetik ağaç topolojileri üretebileceğini gösteriyor ve bu da tarihsel filogenilerin tek bir protein kodlayan gene dayanarak çıkarılmaması gerektiğini güçlü bir şekilde önermektedir."[148]

"Uzun zamandır, yaşam ağacı inşa etmek kutsal kâseydi," diyor Eric Bapteste, Fransa'daki Pierre ve Marie Curie Üniversitesi'nden evrimsel biyolog. Birkaç yıl önce kâsenin ulaşılabilir olduğu görünüyordu. Ancak bugün proje paramparça olmuş durumda; olumsuz kanıtların saldırısıyla parçalanmış. Artık birçok biyolog, ağaç kavramının geçersiz olduğunu ve terk edilmesi gerektiğini savunuyor. Bapteste, 'Yaşam ağacının bir gerçek olduğuna dair hiç bir kanıtımız yok' diyor. Bu şok edici açıklama, bazılarını biyolojinin temel görüşünün değişmesi gerektiğine bile ikna etti."[149]

Bu ana akım hakemli evrimsel biyoloji dergilerinden gelen referansların, genlere dayalı filogenetik ağaçların birbirleriyle çeliştiğini ve bu gerçeğin çok uzun bir süredir bilindiğini göstermek için yeterli olduğunu düşünüyorum. Evrimciler onlarca yıldır utanmadan yalan söylüyorlar. Tartışılması gereken bir başka önemli argüman daha var.

Evrimcilere göre, evrim için en güçlü kanıtlardan biri, genetiğe dayalı yaşam ağaçları ile anatomik verilere dayalı yaşam ağaçlarının benzer sonuçlar vermesidir ve bu, evrimin en büyük kanıtlarından biridir. İşte bu sözde evrim testi ile ilgili bir referans:

"1960'lı yıllarda, genetik kodun ilk kez anlaşıldığı dönemde, biyokimyacılar Émile Zuckerkandl ve Linus Pauling, DNA dizilerinin evrimsel ağaçlar üretmek için kullanılabileceğini ve bu ağaçların morfolojik veya anatomik özelliklere dayananlarla örtüşmesi durumunda bunun 'makroevrimin gerçekliğine dair mevcut en iyi tek kanıtı' sağlayacağını öne sürdüler."[150]

Popüler literatürlerinde, evrimciler genetiğe dayalı ağaçlar ile morfolojiye dayalı ağaçların benzer olduğunu sıklıkla iddia ederler. İşte bazı referanslar:

"Etkin tahmin, moleküler evrimin ayrıntılarının makroskobik evriminkilerle tutarlı olması gerektiğidir. Bunun böyle olduğu bulunmuştur: değişimin moleküler izlerinin, tüm organizmalar üzerindeki gözlemlerimizle tutarsız olduğu tek bir örnek bile yoktur."[151]

"Penny ve arkadaşları (1982), şimdiye kadar açıklanan yaklaşımdan önemli ölçüde farklı bir ortak atalık hipotezini test etme yöntemi önermektedir. Aynı taksonlar için farklı veri setlerine bakarlar ve ardından hangi filogenetik ağacın her veri seti tarafından en iyi desteklendiğini belirlemek için filogenetik basitlik (parsimoniyi) kullanırlar. Farklı veri setleri için en iyi seçilen ağaçların çok benzer olduğu ortaya çıkmaktadır. Penny ve arkadaşları bunu ortak atalık hipotezine destek olarak değerlendirmektedir. Yazarlar, filogenetik basitliği ağaç inşa etme yöntemi olarak kullanmalarına rağmen, argümanlarının mantığı diğer ağaç inşa etme yöntemlerine de -örneğin maksimum olasılık yöntemine- uygulanabilir."[152]

Muhtemelen tahmin edebileceğiniz gibi, evrimciler bu iddia hakkında da yalan söylediler. Bu gerçeği kanıtlayan bazı referanslar:

"Morfolojik ve moleküler analizlerden elde edilen filogeniler arasındaki uyumsuzluk ile farklı moleküler dizilim alt kümelerine dayalı ağaçlar arasındaki uyumsuzluk, veri setleri karakterler ve türler açısından hızla genişledikçe yaygın hale gelmiştir."[153]

Bu tür çatışmalar nedeniyle, Nature dergisinde yayımlanan önemli bir derleme makalesi, 'moleküler ve morfolojik ağaçlar arasındaki farklılıkların' 'evrim savaşlarına' yol açtığını, çünkü 'biyolojik molekülleri inceleyerek oluşturulan evrimsel ağaçların genellikle morfolojiden çıkarılanlarla benzerlik göstermediğini' bildirmiştir.[154]

"Moleküler sistematikte büyük umutlar besleyen morfologlar olarak, bu araştırmayı umudumuz kırılmış bir şekilde sonlandırıyoruz. Moleküler filogeniler arasındaki uyum, morfolojide olduğu kadar kaygandır ve moleküller ile morfoloji arasında da aynıdır."[155]

"Rekabet eden morfolojik ve moleküler önerilerin zenginliği, memeli takımlarının hâkim filogenilerini [memeli ağaçlarını] çözülmemiş bir çalıya dönüştürecek; muhtemelen tek tutarlı klad(aynı soya dayanan organizma) , fillerin ve deniz ineklerinin gruplandırılması olacaktır."[156]

"Moleküler kanıtların genellikle morfolojik desenlerle örtüştüğü görüşü birçok biyolog tarafından benimsenmektedir, ancak ilginç bir şekilde, göreceli olarak az sayıda sistematist tarafından kabul edilmektedir. Çoğu sistematist, bu iki kanıt çizgisinin sık sık uyumsuz olabileceğini bilmektedir."[157]

Yani, ana akım evrimsel biyologlardan gelen referanslardan, evrimcilerin bu sözde evrim kanıtları hakkında onlarca yıldır yalan söyledikleri açıktır. Bu kadar çok evrimci, bu konularda sürekli yalan söylüyorsa, neden kimse onların iddialarını ciddiye alsın? Unutulmamalıdır ki, evrimcilerin kendilerine göre, bu evrimi test etmenin ve evrimin en büyük kanıtı olması beklenmektedir.

Genetikteki ve morfolojideki benzerliklere dayanan ağaçların birbirleriyle örtüşmemesi, evrensel ortak atalık ve benzerliklerin ortak kökenden kaynaklandığı iddiası için büyük bir sorun teşkil etmektedir. Benzerlikler esasen ortak kökenden kaynaklanıyorsa, o zaman bu farklı benzerliklere dayanan farklı ağaçların benzer sonuçlar vermesi gerekir. Bunun aksine, bu durum, benzerliklerin esasen ortak kökenden kaynaklanmadığını göstermektedir.

Eğer bu insanlar, evrimin yanlışlanabilirliği ile ilgili iddialarında samimilerse, evrimin yanlış olduğunu kabul edecekler mi? Bu insanlar bunu yapmıyor. Bunun yerine, evrimciler inançlarını savunmak için ad hoc açıklamalar türetiyorlar. Bunun gibi şeyler, evrim inancının, tamamen yanlış olduğu kanıtlanmış bir dine inanmak gibi olduğuna beni ikna etti.

Dikkat etmek istediğim başka bir nokta daha var. Birçok evrim savunucusu(apolojist), evrim teorisinin filogenetik ağaçların mükemmel bir uyuma sahip olması gerektiğini öngörmediğini ve bu nedenle evrim argümanının hala geçerli olduğunu ve evrim için bir sorun olmadığını iddia ediyor. İşte bu yanıtla ilgili sorun.

Benim argümanım ve akıllı tasarım savunucularının argümanı, filogenetik ağaçların mükemmel olması gerektiği değildir. Hiç kimse böyle bir iddiada bulunmaz. Filogenetik ağaçlardaki küçük çelişkiler evrimsel teori için sorun olmazdı. Sorun, filogenetik ağaçlardaki devasa çelişkilerin varlığıdır ve bu çelişkiler evrimsel biyologların alternatif açıklamalar aramaya ve öne sürmeye çalıştığı ölçüde büyüktür, bu da Yatay Gen Transferi gibi konuları içermektedir; bunu bir sonraki bölümde tartışacağız.

Evrimsel biyologların bu tür alternatif açıklamalar üretmelerinin nedeni, bunların küçük çelişkiler olmamasıdır. Bunlar, şansa dayandırılamayacak kadar büyük çelişkilerdir. Şimdi, evrimcilerin bu problemi çözmek için ürettikleri ana açıklamalara, Yatay Gen Transferi'ne değineceğiz.

Yatay Gen Transferi

Evrimcilerin öne sürdüğü ana alternatif açıklama, yatay gen transferidir. Klasik evrim teorisi, genlerin yalnızca ebeveynlerden yavrulara aktarıldığıdır. Bu, dikey gen transferidir. Farz edelim ki, bir bakteri bir geni bir maymuna aktardı. Bu, yatay gen transferi olur. Adil olmak gerekirse, yatay gen transferi tek hücreli organizmalarda sıklıkla gözlemlenir ve daha küçük hayvanlarda da gözlemlenmiştir. Daha büyük veya daha karmaşık hayvanlar, örneğin balıklarda bu fenomenin daha az örneği vardır.[158] Bu nedenle, daha büyük hayvanlarda Yatay Gen Transferi'nin varlığı, evrimsel biyologlar arasında ağır bir şekilde tartışılmış ve tartışmaya açıktır. Bu gerçeğe dair iki referans:

"Yaklaşık yirmi yıl önce, prokaryotik genomların farklı evrimsel tarihlere sahip genlerden oluştuğu gerçeğiyle yaşam ağacının temelleri sarsıldı. ... 1990'ların sonlarında tüm genom dizileme patlaması ve karşılaştırmalı genomiklerin yükselişi, Woese'in ağacını doğrulaması ve pekiştirmesi bekleniyordu. Bu umutlar kısa ömürlü oldu. Filogenetikler, aynı genom içindeki farklı genlerin çok farklı ağaç topolojileri üretebileceğini ve hatta yakından ilişkili organizmaların gen içeriğinde önemli farklılıklar bulunduğunu gösterdi. Yeni bir evrimsel güç çağrıldı: yanal gen transferi, farklı türler arasında genetik materyal alışverişi."[159]

"Araştırmalara göre, insanlar da dahil birçok hayvan, antik dönemlerde çevrelerinde birlikte yaşayan mikroorganizmalardan hayati 'yabancı' genler edinmiştir; bu, açık erişim dergisi Genome Biology'de yayımlanmıştır. Çalışma, hayvan evriminin yalnızca ata hatlarıyla aktarılan genlere dayandığına dair geleneksel görüşleri sorgulamakta ve en azından bazı soylar için bu sürecin hâlâ devam ettiğini önermektedir.

Aynı ortamda yaşayan organizmalar arasında gen transferine yatay gen transferi (YGT) denir. Tek hücreli organizmalarda iyi bilinir ve bakterilerin, örneğin, antibiyotiklere karşı direnç geliştirmesi gibi, ne kadar hızlı evrimleştiğini açıklayan önemli bir süreç olduğu düşünülmektedir.

YGT'nin, mikroorganizmalardan ve bitkilerden genler edinmiş nematod solucanları gibi bazı hayvanların evriminde önemli bir rol oynadığı düşünülmektedir ve bazı böcekler, kahve meyvelerini sindirmek için enzimler üretmek üzere bakteriyel genler edinmiştir. Ancak, YGT'nin daha karmaşık hayvanlarda, örneğin insanlarda da, yalnızca atalarından genler kazanımının aksine gerçekleştiği fikri geniş çapta tartışılmış ve itiraz edilmiştir."[160]

Bazı evrimciler, Yatay Gen Transferi'nin insanlar gibi karmaşık organizmalar arasında çok daha yaygın olduğunu savunmaya çalışmışlardır. İşte evrimcilerden böyle bir argüman örneği:

"Birincil yazar Alastair Crisp, Birleşik Krallık'taki Cambridge Üniversitesi'nden şunları söyledi: 'Bu, Yatay Gen Transferi'nin (YGT) hayvanlar arasında, insanlar da dahil olmak üzere, ne kadar yaygın bir şekilde gerçekleştiğini gösteren ilk çalışma ve bu da on veya yüzlerce aktif 'yabancı' gene yol açmaktadır. Şaşırtıcı bir şekilde, nadir bir olay olmaktan uzak, YGT'nin birçok, belki de tüm hayvanların evriminde katkıda bulunduğu ve bu sürecin devam etmekte olduğu görünmektedir; bu, evrim hakkındaki düşüncelerimizi yeniden değerlendirmemiz gerektiği anlamına gelebilir."[161]

Bu evrimcilerin yanıtıyla başa çıkmanın iki yolu vardır. İlk yol, Yatay Gen Transferi'nin filogenetik ağaçlardaki çelişkiler için makul bir açıklama olduğunu kabul etmektir. Bunun bu çelişkili ağaçlar için makul bir açıklama olduğunu varsayalım. O zaman genetik verilere dayanan filogenetik ağaçlar nasıl evrimin kanıtı olabilir? Evrim teorisi bir tahminde bulundu. O tahmin çürütüldü. Bu çürütülen tahmin evrimin kanıtı nasıl olabilir? Basitçe değildir. Bu nedenle, en azından, bu popüler ve önemli evrim argümanı çürütülmüştür.

Şimdi Yatay Gen Transferi'nin genlere dayanan çelişkili filogenetik ağaçlar için makul bir açıklama olmadığı yaklaşımını ele alalım. Bu çelişkili filogenetik ağaçlar için neden makul bir açıklama olarak düşünmemiz gerektiğini düşünmeliyiz? Bunun için birden fazla neden vardır.

Birincisi, basit bir mantıksal sorundur. Genlerin yatay olarak transfer edilebilmesi bir olası açıklamadır, ancak bu aynı zamanda evrimsel ortak köken argümanı için büyük bir sorun yaratır. Evrimcilerin beklediği genler ile beklemediği genler vardır. Evrimciler, Yatay Gen Transferi'ni ikinci tür genler için bir açıklama olarak kullanmak ister, ancak bu, ilk tür genler için de kolayca bir açıklama olarak kullanılabilinir. Bu durumda, ortak köken argümanı önemli ölçüde zayıflar, çünkü benzerlikler ortak köken yerine Yatay Gen Transferi yoluyla olabilir.

Yatay Gen Transferi'nin makul bir açıklama olmasının ikinci sorunu, evrimcilerin Yatay Gen Transferi'ni test etmeye zahmet etmemeleri. Filogenetik ağaçlar çelişkili olduğunda, alternatif açıklamalar test edilmeden Yatay Gen Transferi'ni sadece iddia ederler. Bu gerçeği destekleyen bazı referanslar:

"Filogenetik yaklaşımda, bir gen ağacı ile güvenilir bir referans ağacı arasındaki her topolojik uyuşmazlık örneği, LGT'nin (yatay gen transferi) prima facia (aksi kanıtlanmadığı sürece doğru kabul edilen) olarak alınır. Uyuşmazlık, bu ağaçlardaki tüm düğüm derinlikleri aralığında, yakın (cins, tür) olanlardan daha eski olanlara kadar bulunabilir ve bu da ön genomik dönemlerden beri devam eden genetik materyal alışverişini yansıtıyor olabilir (Woese 2000). Bu şekilde bakıldığında, her genomun soyunda LGT vardır."[162]

UC Davis mikrobioloğu ve moleküler sistematist Jonathan Eisen şunları yazıyor:

"Genel olarak, bu Yatay Gen Transferi (YGT) iddialarının tipik bir örneğidir. Birçok araştırmacı, YGT'nin gerçekleşmesiyle tutarlı kanıtlar sunar (bunu burada yaptılar), ancak çok azı, gen kaybı, kötü hizalamalar, örtüşme, farklılaşma, kontaminasyon, rastgele gürültü ve daha fazlası gibi alternatif hipotezleri açıkça test eder. Bence onların çalışması kesinlikle ilginç, ama tüm bu alternatifleri test etmemişler."[163]

Yatay Gen Transferini ölçmede genel sorunlar da vardır. Bu gerçeği destekleyen bir referans:

"Tüm bu kavramsal nüanslar bağlamında, son on yılda moleküler evrimcilerin prokaryotik evrimde Yatay Gen Transferi'nin (YGT) yaygın bir olay olduğuna dair artan kanıtlar üretmesi gözlemlenmiştir (McInerney ve diğerleri 2008; Sapp 2009; O'Malley 2018'deki referanslara bakınız). Öte yandan, geçmiş yaşamı tanımlamanın uygulanabilirliğini değerlendirmek için YGT'yi nicelleştirme girişimleri de yapılmıştır (Puigbò ve diğerleri 2013; Gogarten ve diğerleri 2002; Huang ve Gogarten 2006). Sorun, YGT'yi ölçmede önemli zorlukların olmasıdır; en azından, tahmin etmek için kullanılan istatistiksel kriterlerin ve biyoinformatik araçların, filogenetik yeniden yapılandırmaları etkileyen aynı metodolojik kısıtlamaları paylaşmasıdır (Cortez ve diğerleri 2009)."[164]

Bütün bu sorunlar, Yatay Gen Transferi'ni evrim teorisinin başarısız tahminine yönelik problematik bir açıklama haline getiriyor. Yatay Gen Transferi'nin makul bir açıklama olduğunu düşünseniz bile, evrim argümanı her durumda geçersizdir.

<u>Yanlışlanabilirlik:</u>

Bu bölümde daha önce gördüğünüz gibi, bu, evrimi test etmesi gereken bir şeydi ve evrim bu testi geçemiyor. Ancak evrimciler Yatay Gen Transferi gibi alternatif açıklamalar üretebiliyorlar. Dolayısıyla, filogenetik ağaçlar benzerse, bu evrimle uyumludur. Filogenetik ağaçlar birbirleriyle çelişiyorsa, yine de Yatay Gen Transferi sayesinde evrimle uyumludur. Bu evrim kanıtı nasıl yanlışlanabilinir?

<u>Sonuç</u>

Bu argüman, evrimcilerin dürüst olmadığını gösteren en açık kanıtlardan biridir ve evrimciler tarafından yaygın olarak yayılan en sık yalanlardan biridir. Bu aynı zamanda evrimin başarısız bir tahminidir. Alternatif açıklamalar vardır, ancak bu alternatif açıklamaların kendine özgü büyük sorunları vardır. Ayrıca, alternatif açıklamayı kabul edersek, bu argüman artık yanlışlanamaz hale gelecektir ve bu nedenle evrim için bilimsel bir kanıt olamaz.

Biyocoğrafya

Bu bölümde biyocoğrafyayı inceleyeceğiz ve evrim teorisini destekleyip desteklemediğini göreceğiz. Biyocoğrafya, bitkilerin, hayvanların ve diğer yaşam türlerinin dağılımını inceleyen bir bilim dalıdır. Biyocoğrafya, dünyanın coğrafyasının bu dağılımı nasıl etkilediğini araştırır; bu da türlerin evrimini etkileyebilir. Bu biyoloji dalı disiplinlerarasıdır ve temel olarak yaşamın dağılımın doğasına odaklansa da, jeolojinin biyocoğrafyada önemli bir rolü vardır. Biyocoğrafya, yaşam tarihi boyunca farklı hayvanların fosillerinin nerede ve ne zaman bulunduğunu bize anlatır.

Biyocoğrafyadan elde edilen verilerin çoğu evrimle ilgili değildir ve göç ve kıtasal kayma gibi, bu tartışmada yer alan neredeyse herkes tarafından kabul edilen ve tartışmasız olan fikirlerle kolayca açıklanabilir. Biyocoğrafya deseni evrim teorisinin tahminleriyle eşleştiği birçok durum vardır. Ancak, teorinin yaptığı tahminlerle biyocoğrafyanın eşleşmediği birçok durum da vardır ve bu bölümün sonunda biyocoğrafyanın evrim için de büyük sorunlar yarattığını göreceksiniz.

Ayrıca, bu argümanın arkasındaki mantığı da inceleyeceğiz ve bu argümanın neden evrensel ortak köken için bir kanıt olmadığını göreceğiz. Unutmayın ki bu argüman, evrensel ortak köken için bir argümandır. Hayatın kılavuzsuz fiziksel süreçler nedeniyle ortaya çıktığını kanıtlayamaz, hatta prensip olarak bile.

<u>Argümanın Mantığı</u>

İlk olarak, bu evrim argümanının mantığını analiz edeceğiz. Argümanın genel mantığı, benzerliklerin ortak kökenden kaynaklandığıdır. Bu, biyocoğrafya için, benzer hayvanların ve bitkilerin benzer bölgelerde ve benzer zamanlarda neden bulunduğuna dair özel bir anlam taşır. İşte evrimcilerin argümanını ve biyocoğrafyanın evrensel ortak kökeni nasıl kanıtladığını açıklayan bir referans:

"Darwin, bu kalıplara dikkatle bakan ilk kişi oldu. HMS Beagle ile yaptığı gençlik seyahatleri ve bilim insanlarıyla ve doğa bilimcileriyle yaptığı kapsamlı yazışmalar sayesinde, evrimin yalnızca bitkilerin ve hayvanların kökenlerini ve formlarını açıklamakla kalmayıp, aynı zamanda bunların dünya çapında dağılımlarını da açıklamak için gerekli olduğunu fark etti. Bu dağılımlar birçok soru doğurdu. Neden okyanus adalarının florası ve faunası kıtasal topluluklara göre bu kadar garip ve dengesizdi? Neden Avustralya'nın yerli memelilerinin neredeyse tamamı keseli iken, plasental memeliler dünyanın geri kalanında baskındı? Eğer türler yaratılmışsa, neden yaratıcı benzer arazi ve iklime sahip uzak bölgeleri, Afrika ve Amerika'nın çöl bölgeleri gibi, yüzeysel olarak benzer formda ama daha temel farklılıklar gösteren türlerle doldurdu?

Bu sorular üzerinde düşünen, Darwin'den önceki bazı düşünürler kendi entelektüel sentezinin temellerini attılar - bu sentezi o kadar önemli buluyordu ki, The Origin adlı eserinde iki tam bölüme yer verdi. Bu bölümler genellikle biyocoğrafya alanının kurucu belgesi olarak kabul edilir - Dünyadaki türlerin dağılımını inceleyen bir bilim dalı. Ve yaşam coğrafyasının evrimsel açıklaması, ilk önerildiğinde büyük ölçüde doğruydu ve daha sonra yapılan birçok çalışma ile yalnızca rafine edildi ve desteklendi. Evrim için biyocoğrafik kanıt artık o kadar güçlü ki, bunu çürütmeye çalışan bir yaratılışçı kitabı, makalesi veya dersi hiç görmedim. Yaratılışçılar, sadece kanıtın var olmadığına dair bir izlenim yaratmaya çalışıyorlar."[165]

İki farklı şekilde evrimcilerin biyocoğrafya argümanı ortaya konmaktadır. Her iki argüman da önemlidir ve derinlemesine problematik bir mantık yapısına sahiptir; ayrıca bilimsel kanıtlardan da büyük sorunlarla karşı karşıyadır. Her birini ayrı ayrı ele alacağım.

İçgüdü Argümanı

İlk argüman, eğer Tanrı yaşam formlarını ayrı ayrı yaratıyorsa, neden farklı bölgelerde farklı hayvanlar bulundursun? Neden benzer hayvanları her yerde bulundurmasın? Burada dikkat edilmesi gereken ilk şey, bu argümanın Tanrı'nın nasıl hareket edeceğine dair varsayımlar içerdiğidir.

Daha önce defalarca açıkladığım gibi, bu tür argümanlar, Tanrı'nın yaşamı nasıl yaratacağına dair kişinin ve kültürün değişken olan öznel sezgilerine dayanmaktadır. Bu öznel olduklarından, bunlar asla kanıt olarak alınamaz. Unutmayın ki, evrimciler ve ateistler, sezgileri kanıt olarak kabul etmezler; fakat burada yine de sezgileri kanıt olarak kullanıyorlar. Çelişki ve ikiyüzlülük gerçekten şaşırtıcı.

Bu argümanda başka bir büyük sorun daha var. Bu tür bir argümanda yapılan varsayımlardan biri, Tanrı neden bazı bölgelerde benzer türleri bulundursun, diğer bölgelerde bulundurmasın. Bu gerçekten mantıksız bir argüman. Tasarımcılar ve üreticiler, deneyimlerimize göre, genellikle belirli ürünleri belirli bölgeler için üretirler.

Bir bölge için belirli bir tür hayvan yaratmanın veya başka bir bölge için başka bir tür hayvan yaratmanın Tanrı için ne kadar olağan dışı olduğunu düşünmek lazım? İnsanların eşyaları düzenleme biçimlerini düşünün. Her zaman eşyalarımızın her kategorisini aynı yerde mi tutuyoruz yoksa farklı şeyleri farklı yerlerde mi saklıyoruz? Bu evrimcilerin ortaya koyabileceği en iyi argüman mı?

Burada başka bir benzer evrimci argümanla ilgili bir referans var:

"Benzer roller üstlenen farklı türlerin en ünlü örneği, şu anda esas olarak Avustralya'da bulunan marsupial memeliler (Virginia opossumu, tanıdık bir istisnadır) ile diğer bölgelerde baskın olan plasentalsiz memelilerdir. Bu iki grup, en dikkat çekici olarak üreme sistemlerinde önemli anatomik farklılıklar gösterir (neredeyse tüm marsupial memeliler keseler taşır ve çok az gelişmiş yavrular doğururken, plasental memeliler plasenta taşır ve yavruların daha gelişmiş bir aşamada doğmasını sağlar). Bunula birlikte, bazı marsupial ve plasental türler, diğer yönlerden şaşırtıcı derecede benzerlik gösterir. Yer altına kazma yapan marsupial moleler, plasental moleler gibi görünür ve hareket eder, marsupial fareler plasental farelere benzer, ağaçtan ağaca kayan marsupial şeker kaydırıcısı, tıpkı bir uçan sincabın yaptığı gibi kayar ve marsupial anteater'lar, tam olarak Güney Amerika anteater'larının yaptığı gibi davranır. Tekrar sormak gerekiyor: Eğer hayvanlar özel olarak yaratılmışsa, neden yaratıcı, farklı kıtalarda temelde farklı hayvanlar üretip, yine de bu kadar benzer şekilde görünmelerine ve davranmalarına neden olsun?"[166]

Bu argümanın basit bir yanıtı var. Neden Tanrı, dünyadaki farklı kıtalarda temelde farklı bitkileri veya hayvanları yerleştirmesin? Tüm bu argümanlar, Tanrı'nın insanların yaptığı gibi hareket edeceği varsayımına dayanıyor.

Sormamız gereken önemli bir soru var. Bu varsayım neye dayanıyor? Tanrı neden insanların yaptığı gibi hareket etsin? Ayrıca, insanlar bitkileri ve hayvanları organize etme gücüne sahip olsalardı, onları organize etmek için tek bir belirli yol mu seçerlerdi?

İnsanlar birçok farklı şekilde hareket eder ve şeyleri organize etmek için birçok farklı yolu seçerler. Bu yaratıcılık, insanların yaptığı tüm tasarımlarda görülmektedir. Tanrı'nın insan gibi davranacağı varsayımını tartışma amacıyla kabul etsek bile, bu boş bir argümandır çünkü insanların hareket etme, tasarlama ve organize etme yolları sonsuzdur. Evrimcilerin bu tür argümanlara dayanmak zorunda kalmaları, size onların çaresizliğini göstermelidir. Bu, sezgiye dayalı argümanı geçersiz kılması için yeterli. Şimdi, evrim teorisinin öngörüleri temelinde yapılan argümana geçelim.

Gerçekleşen öngörü argümanı

İkinci argüman versiyonu, hayvanların ve bitkilerin evrim teorisinin öngördüğü yerlerde tam olarak bulunduğudur. Eğer ayrı soy doğruysa, her yerde bulunabilirler, ancak eğer ortak soy doğruysa, bu hayvanlar ve bitkiler yalnızca mevcut yerlerinde ve dönemlerinde olmalıdır. Bu nedenle, biyocoğrafya evrensel ortak soyun güçlü bir kanıtını sunar. Bu argümanla ilgili bir referans var:

"Yarasa memelilerinde görülen çeşitlenme ve göç deseninin aynı şekilde diğer bitki ve hayvan gruplarında da görüldüğü gözlemlenmektedir. Biyocoğrafik ve evrimsel desenler arasındaki bu tutarlılık, tüm yaşamın evrimi ve çeşitlenmesini yönlendiren süreçlerin sürekliliği hakkında önemli kanıtlar sunmaktadır."[167]

Evrimsel teorinin tahminleriyle örtüşen birçok biyocoğrafya örneği olduğu doğru olsa da, evrimsel tahminlerle doğrudan çelişen ve evrimciler için büyük sorunlar yaratan birçok örnek de vardır. İşte biyocoğrafyanın evrimsel tahminlerle çeliştiği bazı durumları belirten referansların yer aldığı bir liste. Ana akım evrimsel biyoloji kaynaklarından ilgili tüm referanslar bu makalede bulunabilir[168]:

- Güney Amerika'ya ulaşan kertenkeleler

- Güney Amerika'ya ulaşan büyük kaviomorf kemirgenler

- Madagaskar'a gelen arılar

- Madagaskar'a gelen lemurlar

● Madagaskar'a ulaşan diğer memelilerin, Tenrecidae dahil (kirpi benzeri böcekçil memeliler), aardvarklar, hipopotamlar ve Viverridae (kedi boyutunda etobur memeliler)

● Akdeniz'in batı ucunda semenderlerin yayılımı

● Akdeniz'in batı ucunda belirli kertenkelelerin yayılımı

● Küba'daki belirli kertenkelelerin kökeni

● "Birçok adada" bulunan fil fosillerinin görünümü; bu fosillerin yüzerek geldiği söyleniyor

● Tatlı su kurbağalarının okyanus adası zincirleri boyunca yayılımı

● Belirli kurbağaların Madagaskar'a ulaşması

● Yeşil iguanaların Anguilla'yı kolonileştirmesi

● Belirli Güney Amerikalı böceklerin ortaya çıkışı

● Kamelyonların Hint Okyanusu boyunca yayılımları

● Karayip adalarında bulunan belirli böceklerin kökeni

● Mayotte adasında bulunan mantellid kurbağalarının kökeni; bu durum, "amfibilerin tuzlu suyun osmotik stresine dayanamadıkları düşünüldüğü için okyanus engellerini aşamadıkları" gerçeğine rağmen

● Uçamayan böceklerin Chatham Adaları'na yayılması

● Güney Amerika'daki yerli gekoların kökeni

- Krokodil dağılımlarının kökeni

- Güney Amerika'da slothların ortaya çıkışı

- Avustralya kemirgenlerinden bir grubun kökeni

- Akdeniz adalarının kara memelilerinin görünümü (ayrıca "Hipopotamların, filin ve dev geyiklerin adalara yüzerek ulaştığına" işaret ediyor)

- Batı Samoa'da çeşitli kara sürüngenlerinin kökeni

- Baja California'da Crotalus yılanlarının varlığı

Bunlar, biyocoğrafyanın evrim teorisinin tahminleriyle çeliştiği birçok örnekten sadece bazılarıdır. Bir sonraki bölümde, evrimcilerin bu büyük sorunla başa çıkmak için öne sürdüğü ana ad hoc açıklamayı ele alacağız.

Ad hoc açıklama

Biyocoğrafyanın evrim tahminleriyle çeliştiği tüm durumları açıklamak için öne sürülen ana açıklama, 'rafting hipotezi' olarak bilinen teoridir. Bu hipotez, tüm bu hayvanların farklı kıtalara veya adalara ulaşmak için genellikle tahta sal ile okyanusları geçtiğini belirtmektedir. İşte evrimcilerin bu konuda sunduğu yanıtı kanıtlayan bir referans:

"Darwin, Türlerin Kökeni adlı eserinde, 'Batrakhanlar (kurbağalar, yılanlar, semenderler)' hiçbir zaman büyük okyanuslarla kaplı birçok adada bulunmamıştır, diye belirtmiştir. Bu yokluğu, amfibilerin deniz suyu tarafından hızla öldürülmesi nedeniyle açıklamıştır ve dolayısıyla okyanusları başarıyla geçmelerinin pek olası olmadığını savunmuştur. Hiçbir biyocoğrafyacı, amfibilerin ve bazı diğer organizmaların (örneğin, çoğu kara memelisi, uçamayan kuşlar) okyanuslarda özellikle zayıf yayılımcılar olduğunu sorgulamaz. Ancak, bazı son çalışmalar, bu tür organizmaların okyanus engellerini aşarak yeni alanları kolonileştirmediğini varsaymanın güvenli olmadığını göstermektedir.

Dikkate değer bir örnek, Madagaskar'ın yaklaşık 300 km batısında bulunan Komor Adaları'ndaki Mayotte adasında bulunan iki mantellid kurbağa türüyle ilgilidir. Bu iki tür, Madagaskar'da (neredeyse tüm diğer mantellidlerin bulunduğu yer) yer alan taksonlarla aynı tür olarak tanımlanmış ve oraya getirildiği varsayılmıştır. Ancak, morfoloji ve DNA dizileri, iki Mayotte taksonunun ayrı yeni türler olduğunu ve dolayısıyla doğal endemikler olduklarını göstermektedir. Komor Adaları volkaniktir ve asla başka kara parçalarına bağlı olmamıştır; bu nedenle, sonuçlar oluşumun doğal şekilde, su üzerinden yayılma ile gerçekleştiğini ima etmektedir. Ayrıca, iki tür, Mantellidae içinde yakın akraba değildir ve bu da iki bağımsız yayılma olayını göstermektedir.

Diğer bir örnek, Madagaskar'ın yırtıcıları ve lemurlarını içermektedir; bu orta boy memeliler, zayıf okyanus yayılmacıları(rifting yapan) olarak kabul edilmektedir. Yoder ve arkadaşları, moleküler tarihleme analizleri ile her iki grubun, Madagaskar'ın Afrika'dan ayrılmasından çok sonra, Afrika anakarasındaki akrabalarından ayrıldığını bulmuşlardır. Tahmin edilen ayrılma tarihlerinin, Afrika ile Madagaskar arasında var olduğu varsayılan bir Kenozoik kara köprüsünün varlığıyla da uyuşmadığı görülmektedir. Bu nedenle, her iki grubun da rifting yoluyla Madagaskar'a ulaştığı, muhtemelen torpör(uyuşma) geçirme yeteneğiyle kolaylaştırıldığı düşünülmektedir.

Beklenmedik okyanus yayılması(rifting) örnekleri arasında, Afrika'dan Güney Amerika'ya maymunlar, Yeni Zelanda'dan Chatham Adaları'na uçamayan böcekler, Hint Okyanusu'nda kamelyonların çoklu yayılımları, birkaç diğer amfibik durum ve daha tartışmalı olarak, Yeni Zelanda'ya uçamayan ratite kuşları bulunmaktadır. Darwin'in amfibilerin asla tuzlu suyu geçmediğini düşünmesinin yanlış olduğu anlaşılmasına rağmen, bu örnekler, büyük evrimcinin genel mesajını pekiştirmektedir: Yeterince zaman verilirse, pek olası görünmeyen birçok şey gerçekleşebilir."[169]

İşte Afrika'dan Güney Amerika'ya hayvanların sözde sal ile geçişi hakkında bir referans:

""Maymunlar, Afrika'dan Güney Amerika'ya sal ile ulaşan tek kolonistler değildi. Aynı şeyi yapan birçok hayvanın da olduğu ortaya çıktı: gekolar, sürüngenler, kaplumbağalar, kör, yer altı sürüngenleri olarak bilinen amfisbaenidlerle, hatta hoatzin adı verilen ilginç kuşlarla. En etkileyici olanları ise kaviomorf kemirgenlerdi."[170]

İşte rifting hipotezi hakkında bir başka referans:

"Kontinental kütlelerde izole göçmenlerin ortaya çıkmasına dair de örnekler vardır. Çok sayıda örnek arasında, nispeten göz ardı edilmiş ve ilginç bir örnek, Güney Amerika'da Kuzey Amerika rakunlarının küçük akrabalarının aniden ortaya çıkmasıdır. Bu procyonidlerin, diğer yırtıcılar veya oraya ulaşan bol miktardaki Kuzey Amerika otçulları öncesinde, kesin olarak Geç Miyosen veya Erken Pliyosen döneminde Arjantin'de fosil olarak bulundukları görülmektedir. Bu durumda, daha sonraki bir zamanda bir filtre köprüsünün kesinlikle var olduğu göz önüne alındığında, procyonidlerin bu köprüden geldiğini varsaymak alışıldık bir durumdur ve onların varlığı, köprünün oluşum tarihini belirler geçilebilir bir göç yolu veya gerçek ve tam bir filtre köprüsü olarak. Ancak, procyonidlerin ortaya çıktığı zamanı dikkate alırsak, ileride ne olacağına dair bilgimizi göz ardı edersek, böyle bir sonucun geçerli olmadığını görebiliriz. Eğer filtre köprüleri ile ilgili önceki yorumlarım doğruysa veya genel eğilimler teorisi olarak kabul edilebilir ise, o zaman bu köprünün, o dönemde benzer coğrafi kökene sahip başka hayvanların yokluğuna rağmen, bu bir grup küçük yırtıcının ortaya çıkışını açıklayabileceğini sonucuna varmak yanlıştır; aksi takdirde köprü, o kadar geçilemez hale gelmiş olmalıdır ki, genel kabul gören anlamında bu ismi hak etmesin.

Merhum W. D. Matthew, bu tür problemleri inceleyen en seçkin ve en bilgili öğrencilerden biri olarak, adalar ve son derece dengesiz faunaların muhtemelen doğal sal ile kara hayvanlarının aralıklı taşınması ile açıklanabileceğini, kuru kara yollarının varlığı olmaksızın böyle olduğunu sonuçlandırmıştır (Matthew, 1918, 1939). Bu görüş bazı çevrelerde sert bir şekilde eleştirilmiştir. Hatta Matthew'un 'İklim ve Evrim' genel tezi taraftarları tarafından bile, bu tür rastlantısal göçlerin, ana tez ile çelişen herhangi bir gerçeği örtbas etmek için gerekli olduğunda ortaya atıldığı iddia edilmiştir."[171]

Hatta okyanuslar boyunca seyahat eden dinozorlar için bile örnekler vardır. İşte bir referans:

"Dinozorların Afrika'ya ulaşmak için suyu geçmesi son derece olasılık dışı olsa da, olasılık dışı olmak imkansız anlamına gelmez. Ve yeterince zaman verildiğinde, olasılık dışı şeyler olası hale gelir. Her gün bir piyango bileti alırsanız ve yeterince beklerseniz, kazanırsınız. Bu okyanus geçişleri belki de milyon yılda bir gerçekleşen olaylardır ama Kretase dönemi neredeyse 100 milyon yıl sürdü. O süre zarfında birçok tuhaf şey olacaktır – dinozorların denizleri geçmesi de dahil."[172]

İşte bu açıklamayı vurgulayan bir referans daha:

"Oraya nasıl ulaştıklarını kimse gerçekten bilmiyor, ama bilim insanları bazı küçük hayvanların deniz yoluyla bu yolculuğu yapmış olabileceğini öne sürdü.

"Bunun, bir tür bitki salıyla oraya ulaşmış olabileceklerini düşünüyorum," dedi Dr. Croft.

"Bu belki de harika bir hikaye gibi geliyor, ancak aslında bugün de böyle şeylerin olduğunu görüyoruz. Fırtınalar sırasında nehirlerden itilerek dışarı çıkan büyük bitki yığınları olabilir ve genellikle bunların üzerinde memelileri görebilirsiniz.

"Bu geçişi yapma ihtimalleri elbette çok düşük, ancak milyonlarca yıl sonra bazı hayvanların bu geçişi yapma olasılıkları önemli ölçüde artıyor."[173]

Bu referansları alıntılamamın amacı, hem bunun biyocoğrafik problemler için evrimci yanıt olduğunu göstermek hem de evrimcilerin bu senaryonun sorunlu ve olasılık dışı doğasını kabul ettiğini vurgulamaktır. Çoğu durumda, sözde bu yolculuğu yapan hayvanların hızlı bir metabolizmaya sahip olduğu ve dolayısıyla sürekli bir yiyecek kaynağına ihtiyaç duyacağı unutulmamalıdır. Ayrıca, bir hayvan üreyemez, bu nedenle ya hamile bir hayvan ya da iki hayvan bu yolculuğu yapmak zorunda kalacaktır. Bu senaryoda büyük sorunlar bulunmaktadır.

Yine de, belirli hayvanların yakın kıyılar arasında birkaç yüz mil okyanus geçtiklerine dair iki belgelenmiş durumun olduğunu kabul etmek önemlidir. Birkaç küçük Anolis kertenkele ve tek bir Aldabra dev kaplumbağa vakası olmuştur.[174][175] Ancak, bu kaplumbağanın, kendisi aktif yüzme olmadan bir şişe mantarı gibi yüzebilmesi ve kuru habitatlara adapte olmuş olması nedeniyle, dinozorlardan veya okyanusları geçtiği iddia edilen birçok diğer hayvandan çok farklı olduğunu belirtmek önemlidir. Böylece, su içmeden daha uzun süre dayanabilir. Dahası, evrimsel tahminlerle uyuşmayan hayvanların çoğu, varış noktalarına ulaşmak için 1000 milin (2540 km) üzerinde okyanus geçmek zorundadır.

Evrimci pozisyonun inandırıcı olmayışı ve çaresizliği, rafting hipotezi gibi kendilerinin bile son derece olasılık dışı olarak tanıdığı şeylere başvurmak zorunda kaldıklarından apaçık ortadadır. Bu, biyocoğrafya argümanına bir yanıtın olmadığını söyleyecek kadar ileri giden evrimcilerin aldatıcılığını ve dürüstsüzlüklerini göstermektedir.

Akılda tutulması gereken önemli bir şey var. Ya rafting hipotezi, yaşam tarihindeki türlerin nerede ve ne zaman bulunduğunu açıklamak için mantıklı ve kabul edilebilir bir açıklamadır ya da mantıklı ve kabul edilebilir bir açıklama değildir.

Mantıklı bir açıklama olduğunu varsayalım. Eğer durum buysa, evrimciler biyocoğrafyanın evrimci tahminlerle uyuşmadığı tüm durumlar için bu açıklamayı kullanırken, biyocoğrafyanın evrimsel tahminlerle uyuştuğu durumları da aynı şekilde açıklayabilir. Bu durumların ortak atadan kaynaklanmış olması gerekmiyor; hayvanların okyanusları aşarak rafting yapmasıyla da açıklanabilir. Eğer durum buysa, o zaman biyocoğrafyadan gelen argüman geçersiz hale gelir.

Şimdi rafting hipotezinin mantıklı bir açıklama olmadığını varsayalım. Bu durumda, evrimsel tahminlerle uyuşmayan zamanlarda ve yerlerde var olan hayvanların, evrensel ortak kökenin doğru olmadığını kanıtladığı iddia edilebilir. Bu senaryoda, evrimciler, rafting hipotezinin son derece olasılık dışı olmasına rağmen, milyonlarca yıl içinde her şeyin olabileceğini savunacaklardır.

Ancak, eğer milyonlarca yılda her şey olabiliyorsa, o zaman biyocoğrafik zaman ve yerleri evrimsel tahminlerle örtüşen hayvanlar neden ortak kökenden ziyade rafting hipoteziyle varış noktalarına ulaşmamış olamaz? Evrimcilerin istediği, bizim bir dizi durum için rafting hipotezini mantıklı bir açıklama olarak kabul etmemiz ve diğer bir dizi durum için olasılık dışı olarak reddetmemizdir. Neden bunu yapmalıyız? Rafting hipotezinin mantıklı bir argüman olduğunu düşünseniz de düşünmeseniz de, biyocoğrafyadan gelen evrim argümanı geçerliliğini yitirmiştir.

Yanlışlanabilirlik

Rafting hipotezi veya okyanus yayılım hipotezi, biyocoğrafyadan gelen argümanın evrim için bilimsel kanıt olamayacağını garanti eder. Türler, evrim teorisine göre olması gereken yerlerdeyse, bu evrim teorisiyle uyumludur. Ancak, türler yanlış bir konumdaysa, bu da evrim teorisiyle uyumludur. Bu evrim argümanının yanlışlanabileceği hiçbir mümkün yolu yoktur.

Fosil Kaydı

Bu evrim argümanıyla ilgili başka bir sorun, evrimci yanıtın fosil kaydıyla ilgili soruna yöneliktir. Evrimci yanıt, fosil kaydının kusurlu ve yetersiz olduğu ve dolayısıyla evrimsel tahminleri desteklemediğidir. Ancak, biyocoğrafya durumunda, fosil kaydının evrimsel tahminleri desteklediğini iddia ediyorlar.

Eğer evrimciler fosil kaydının kötü korunma nedeniyle evrimsel tahminlerle uyuşmadığını söylüyorsa, bu yanıtı onlara çevirebilir ve biyocoğrafyanın, fosillerin kötü korunması nedeniyle yalnızca bazı durumlarda evrimsel tahminlerle örtüştüğünü yoksa evrimci tahminler ile çelişecekti diye de söyleyebiliriz. Bu yanıt ya makul bir yanıttır ya da makul bir yanıt değildir. Her iki durumda da, ya iki argümandan biri ya da her ikisi için evrimciler için büyük bir sorun vardır.

Sonuç

Bu, evrim için en yaygın sunulan argümanlardan biridir ve evrim için açık bir kanıt olarak sunulmaktadır. Ancak, gerçek şu ki, biyocoğrafya birçok durumda evrim teorisinin tahminleriyle çelişmektedir ve evrimcilerin, evrime olan inançlarını savunmak için "rafting hipotezi" gibi çaresiz iddialar üretmeleri gerekmektedir.

Embriyoloji

Embriyoloji, bir embriyonun yumurta hücresinin döllenme aşamasından fetal (fetüs ile ilgili) aşamaya kadar gelişiminin incelenmesidir. Döllenmeden sonra oluşan bölünen hücreler topluluğuna sekiz hafta boyunca "embriyo" denir ve döllenmeden dokuz hafta sonra kullanılan terim "fetüs"tür.[176] Evrimciler tarafından embriyolojinin evrim için büyük bir kanıt sağladığı yaygın olarak iddia edilmektedir. Aslında, Darwin'in zamanında embriyolojinin evrim için en güçlü kanıt parçası olduğu söylenmektedir. İşte Darwin'den bir referans:

"Her birinin argümanları farklı bir ölçekte tarttığını düşünmek ilginç: embriyoloji, benim için biçimlerin değişimi lehine en güçlü tek gerçekler sınıfıdır ve sanırım incelemelerimden hiçbiri buna değinmedi. Varyasyonun çok erken bir yaşta ortaya çıkmaması ve çok erken bir karşılık gelen dönemde miras alınmaması, bana öyle geliyor ki, doğa tarihindeki yada doğrusu zoolojide en büyük gerçeklerden birini, yani embriyoların benzerliğini açıklıyor."[177]

Embriyolojiye dayanan evrim için iki argüman vardır. Birincisi, Darwin ve evrimcilerin tarihleri boyunca savundukları eski argümandır; ikincisi ise bu eski argümanın büyük sorunları nedeniyle geliştirilen daha yeni bir versiyonudur. Her birini ayrı ayrı tartışacağız.

Eski Argüman

Eski argümanın iki gerekçesi vardı. Birinci gerekçe, çok farklı yaşam formlarının, özellikle memeliler, kuşlar ve sürüngenler gibi farklı omurgalıların embriyolarının birbirine çok benzer göründüğüdür. İşte bu durumla ilgili Darwin'den bir referans:

"Zaten belirtilmiştir ki, aynı bireydeki çeşitli parçalar, erken embriyonik dönemde tamamen benzerken, yetişkin durumda oldukça farklı hale gelir ve çok farklı amaçlar için hizmet eder. Yine gösterilmiştir ki, genellikle aynı sınıfa ait en farklı türlerin embriyoları oldukça benzerken, tam olarak geliştiğinde oldukça farklılaşır. Bu son durumun daha iyi bir kanıtı, Von Baer'in 'memelilerin, kuşların, kertenkelelerin ve yılanların, muhtemelen aynı zamanda testudinin (kuraşların) embriyolarının, en erken durumlarında, hem bütün olarak hem de parçalarının gelişim tarzında birbirlerine son derece benzer oldukları. Öyle ki, aslında bu embriyoları genellikle sadece boyutlarıyla ayırt edebiliyoruz. Sahip olduğum iki küçük embriyo var; isimlerini eklemeyi unuttum ve şu anda hangi sınıfa ait olduklarını söylemekte bile oldukça zorlanıyorum. Bunlar kertenkele veya küçük kuşlar ya da çok genç memeliler olabilir; işte bu hayvanlardaki baş ve gövde oluşumundaki benzerlik o kadar tam(birbirine benzer)."[178]

Unutulmaması gereken önemli bir şey var. Bu yalnızca evrensel ortak köken için bir argümandır. Hayatın rehbersiz ve kör fiziksel süreçler nedeniyle ortaya çıktığını kanıtlayamaz. Unutulmaması gereken bir diğer çok önemli şey ise bu argümanın mantığının evrensel ortak köken için yapılan her bir argümanın mantığıyla özdeş olduğudur. Mantık, bu benzerliklerin şansa bağlı olamayacağı ve dolayısıyla ortak kökene bağlı olduğu şeklindedir. Bununla ilgili problemler, bu kitapta birçok kez tartışılmıştır ve ortak tasarım, evrimcilerin kendileri tarafından kullanılan kriterlere göre bile bu benzerlikler için daha iyi bir açıklamadır. Dolayısıyla bu argümanın mantığı tamamen çöptür.

Bu argüman için akılda tutulması gereken başka bir önemli gerekçe vardır. Bu gerekçe, "ontogeni, filogeni tekrarlar" ifadesiyle özetlenmiştir. Bu, farklı hayvan türlerinin embriyonik gelişiminin, evrimsel tarihlerini yakından andırdığı anlamına gelir. Bu argüman genellikle iki şekilde yapılır. Ya daha sonraki hayvanların embriyolarının, evrimsel sırada daha önceki hayvanların biçimlerine benzediği iddia edilir ya da daha sonraki hayvanların embriyolarının, evrimsel sırada daha önceki hayvanların embriyolarına benzediği iddia edilir. İşte bu argümanları öne süren bazı referanslar:

"Örneğin, tüm omurgalılar gelişime aynı şekilde başlar ve başlangıçta embriyonik bir balığa oldukça benzerdir. Gelişim ilerledikçe, farklı türler ayrışmaya başlar—ama garip yollarla. Tüm türlerin embriyosunda başlangıçta bulunan bazı kan damarları, sinirler ve organlar aniden kaybolurken, diğerleri garip bükülmeler ve göçler geçirir. Sonunda, gelişimin dansı balık, sürüngen, kuş, amfibi ve memeli gibi çok farklı yetişkin formlarında doruğa ulaşır. Bununla birlikte, gelişim başladığında çok benzer görünürler.....

Kan damarlarımız özellikle garip bükülmelerden geçer. Balıklar ve köpekbalıklarında, damarların embriyonik paterni, yetişkin sistemine fazla değişmeden gelişir. Ancak diğer omurgalılar gelişirken, damarlar hareket eder ve bazılarının kaybolur. Kendimiz gibi memeliler, orijinal altı damardan sadece üç ana damara sahiptir. Gerçekten ilginç olan, gelişimimiz ilerledikçe, değişimlerin evrimsel bir sıralamayı andırmasıdır. Balık benzeri dolaşım sistemimiz, embriyonik amfibilerin dolaşım sistemine benzeyen bir hale gelir. Amfibilerde, embriyonik damarlar doğrudan yetişkin damarlara dönüşür, ancak bizim damarlarımız değişmeye devam eder—embriyonik sürüngenlerin dolaşım sistemine benzeyen bir hale gelir. Sürüngenlerde, bu sistem doğrudan yetişkin sistemine dönüşür. Ama bizim damarlarımız daha da değişir, onu gerçek bir memeli dolaşım sistemine dönüştüren birkaç ek bükülme eklenir; bu sistem karotid, pulmoner ve dorsal arterleri içerir (şekil).

Bu paternler birçok soruyu gündeme getirir. Öncelikle, her biri birbirinden çok farklı görünen farklı omurgalılar, neden gelişime bir balık embriyosu gibi başlar? Neden memeliler başlarını ve yüzlerini balıkların solungaçlarına dönüşen tam aynı embriyonik yapılardan oluşturur? Neden omurgalı embriyolar, dolaşım sisteminde böyle bir bükümlü değişim sırasından geçer? Neden insan embriyoları veya kertenkele embriyoları, önceden gelişmiş olan bir sistemi çok fazla değişiklik yapmadan, yetişkin dolaşım sistemleriyle gelişime başlamazlar? Ve neden gelişim sıralamamız atalarımızın (balıktan amfibiya, sürüngenden memeliye) sırasını taklit eder? Darwin'in 'Türlerin Kökeni'nde savunduğu gibi, bu, insan embriyolarının gelişim sırasında birbirini izleyen şekilde uyum sağlamaları gereken bir dizi çevre ile karşılaşmasından kaynaklanmaz—ilk önce balık benzeri bir çevre, ardından sürüngen bir çevre ve devamı olarak."[179]

"Evrimi destekleyen en güçlü anatomik kanıtlardan bazıları, organizmaların nasıl geliştiğinin karşılaştırmalarından gelir. Örneğin, farklı türdeki omurgalıların embriyoları başlangıçta genellikle benzerken, gelişim ilerledikçe daha farklı hale gelir."[180]

"Birçok omurgalı (omurgası olan hayvanlar) hayvanın erken gelişim aşamaları çok benzer görünmektedir" ve bu benzerlikler "organizmaların ortak bir atadan türediğine dair kanıt sağlar."[181]

Bu argümanda birçok sorun var. Öncelikle, bu argüman, benzerliklerin ortak kökenden kaynaklandığı iddiasının daha geliştirilmiş bir versiyonudur. Daha karmaşık görünse de, temel mantık yine benzerliklerin ortak kökeni gösterdiğidir ve bu mantık, evrimcilerin kendilerinin savunduğu ölçüt olan Ockham'ın usturası'na göre sorunludur.

Bu argümanın bir diğer sorunu, embriyoların nasıl gelişmesi gerektiği ve nasıl gelişmemesi gerektiği konusunda öznel sezgilere dayanmasıdır. Evrimciler, embriyolar tasarlandığında nasıl gelişmeleri gerektiğini nasıl bilebilirler? Tüm insanların embriyo tasarlasalar tek bir evrensel yolu mu var, yoksa insanların tasarımın nasıl yapılması gerektiği konusunda farklı stilleri ve düşünceleri olduğu için sayısız farklı yolu mu var? Buradaki cevap açıktır.

Bu, bu argümanın mantığını derinlemesine sorunlu hale getirir. Tartışma açısından, eğer embriyolar gerçekten böyleyse, o zaman ortak kökenin sezgisel olduğu veya bu embriyoların temelinde ortak kökenin doğru göründüğünü kabul edelim. Bir sorum var: Sezgiler kanıt mıdır? Evrimcilerin ve bu konuda ateistlerin bu soruya tutarlı bir yanıt bulmaları gerekir. Sezgileri, istediğiniz zaman kanıt olarak kullanamaz ve istediğiniz zaman göz ardı edemezsiniz.

Bu argümanın mantıksal sorunlarıdır, ancak bilimsel meseleler, argümanın karşılaştığı en büyük sorunlardır. Bu argümanın sorunu, bir yalan üzerine inşa edilmiş olmasıdır. Embriyolar, gelişimin erken aşamalarında birbirine benzememekte ve aslında birbirinden oldukça farklıdır. Bu iddialar, Ernst Haeckel'in ünlü çizimlerine dayanmaktadır.

Bu argümanın en büyük sorunu burada yatıyor. Bu çizimler sahte ve gerçek değildir. Haeckel'in çağdaşları, onu bu çizimler ile sahtekarlık yapmakla suçladılar ve bunlar uzun zamandır sahte olduğu bilinmektedir, ancak bu gerçeğe rağmen evrimciler tarafından kendi tarihleri boyunca evrimin kanıtı olarak sunulmuştur. İşte bu çizimlerin sahte ve aldatıcı yalanlar olarak bilinmesi ile ilgili bazı referanslar:

"Araştırmamız, Haeckel'in çizimlerinin güvenilirliğini ciddi şekilde zayıflatmaktadır; bu çizimler, omurgalılar için korunmuş bir aşamayı değil, stilize edilmiş bir amniyot embriyosunu göstermektedir."[182]

"Görünüşe göre bu, biyolojideki en ünlü sahtekarlıklardan biri haline geliyor."[183]

"2000 yılında, Stephen Jay Gould, hepimizin bu çizimlerin modern ders kitaplarının büyük bir sayısında, hatta çoğunda, varlığını sürdüren düşüncesiz geri dönüşüm yüzyılından "şaşkınlık ve utanç duyması gerektiğini" yazdı."[184]

Böylece, orijinal argüman çürütüldü. Şimdi bu argümanın yeni bir versiyonunu analiz edeceğiz.

Yeni argüman

Evrimcilerin eski argümanı bu kadar fena bir şekilde başarısız olduğu için, evrimciler embriyoloji konusundan yeni bir argüman geliştirdiler. İşte yeni argüman. Bu argüman, farklı hayvan türlerinin embriyolarının gelişimlerinin hem başlangıcında hem de sonunda çok farklı olduğunu, ancak ortada embriyoların bir ölçüde benzer olduğu kısa bir aşama bulunduğunu belirtmektedir. Bunun, ilk argümandan çok daha zayıf bir argüman olduğu açıkça ortadadır.

Buradaki mantık tamamen benzerliğin ortak kökeni eşit olduğu üzerinedir. Bu konuda birçok sorun vardır ve bunları daha önce de ele almıştık. Bu benzerlikler, ortak tasarım ve ortak köken ile daha iyi açıklanabilir; ancak akılda tutulması gereken başka önemli bir şey var. Neden omurgalı embriyoları veya diğer benzer hayvan türleri arasındaki bu benzerlikler, bu hayvanların o özel grubun bir parçası olmalarından kaynaklanamaz? Bu, omurgalı embriyoların, omurgalı hayvanların embriyoları olduğu için çok benzer olduğu anlamına gelir. Bunun mantıksız veya irrasyonel olan tarafı nedir? Bu, evrim için geçersiz bir argümandır. Şimdi bu argümanın bilimsel yönünü ve evrimcilerin karşılaştığı sorunu tartışacağım. İşte evrimcilerin bu argümanıyla ilgili bir referans:

"Omurgalı gelişimin daha kapsamlı bir görünümü. Semender, civciv ve insanın gelişiminin erken aşamaları, postfilotipik aşamalar kadar çeşitlidir, ancak filotipik aşamalar benzerdir."[185]

İşte popüler bir evrimci olan PZ Myers'tan kendi blogundan bir referans:

"Filotipik veya pharyngula aşamasındaki omurgalı embriyoları birbirine önemli benzerlikler gösterir ve bu da ortak kökenin kanıtıdır. Bu, basit bir gerçektir."[186]

İki şeyi aklınızda bulundurun. Bu bölümde şimdiye kadar verdiğim ve vereceğim her referans, ana akım bir evrim biyoloğuna aittir. İkincisi, bu referansların tarihine bakarak evrimcilerin yalan söyleyip söylemediğini ya da sadece yanlış olup olmadıklarını görebilirsiniz. Myers gibi insanlar sadece yalan yayıyor ve bu konuda benim sözümü almak zorunda değilsiniz. Şimdi bu benzer filotipik aşamanın var olup olmadığına dair ana akım evrim biyologlarından birçok referans vereceğim.

Bu, birçok evrim biyoloğunun yer aldığı bu konuya dair kapsamlı bir çalışmadan ilk referanstır. Bu yazarlar, evrimcilerin genellikle böyle bir aşamanın var olduğu varsayımını delil göstermeden kabul ettiğini de vurgulamaktadırlar:

"Bu alandaki tartışmanın kafa karıştırıcı bir özelliği, birçok yazarın korunmuş bir embriyonik aşamadan bahsetmiş olmasına rağmen, bu fikri destekleyecek karşılaştırmalı veri sunmamış olmalarıdır. Sanki filotipik aşama, kanıt gerekmeyen bir biyolojik kavram olarak görülüyor gibidir. Bu durum, en azından hangi aşamanın korunmuş olduğu konusunda bir fikir birliği olmaması gibi birçok probleme yol açmıştır (Richardson 1995). Omurgalılarda filotipik aşama, embriyoların görülen farinjal(yutak ile ilgili) ceplerine atıfta bulunarak pharyngula aşaması olarak tanımlanmıştır (Ballard 1981)."[187]

İşte bu çalışmanın sonucundan bir referans:

"Haeckel, branchial (solungaç) aparatını, onun birinci aşamasında (Şekil 2'nin üst sırası) tüm türlerde neredeyse özdeş olacak şekilde tasvir etmiştir. Bizim gözlemlerimiz bu çıkarımı desteklememektedir. Orijinal örneklerin fotoğraflarından yeniden çizilmiş branchial aparatının ayrıntılarını Şekil 10'da gösteriyoruz. Görülebileceği gibi, branchial bölgesi kladlar arasında önemli ölçüde farklılık göstermektedir. Evrimsel kum saati modeliyle çelişen bir şekilde, yetişkin vücut planındaki varyasyonlar genellikle erken gelişimin değişiklikleriyle önceden belirlenmektedir. İyi bir örnek, pharyngula aşamasında bile, yetişkin arter desenini önceden belirlemeye başlayan sıklık ark sistemi (aortic arch system) olan faredir. Yani, ilk ark, farenin 25 somit aşamasında zaten tamamen çözülmüştür (de Ruiter ve ark. 1989). Özetle, evrim, omurgalıların embriyonik aşamalarında aşağıdaki gibi birçok değişiklik üretmiştir:

- Vücut boyutundaki farklılıklar

- Vücut planındaki farklılıklar (örneğin, çift uzuv tomurcuğunun varlığı veya yokluğu)

- Somitler ve farinjal arklar gibi tekrarlayan serilerdeki birim sayısındaki değişiklikler

- Farklı alanların büyüme desenlerindeki değişiklikler (allometri)

- Farklı alanların gelişim zamanlamalarındaki değişiklikler (heterokroni)

Bu embriyonik gelişim değişiklikleri, çoğu veya tüm omurgalı kladların evrimsel değişime karşı son derece dayanıklı bir embriyonik aşamadan geçtiği fikriyle uzlaştırmakta zordur. Bu fikir, Haeckel'in çizimlerinde ima edilmiştir ve bu çizimler, iki oldukça farklı iddiayı desteklemek için kullanılmıştır. Birincisi, türler arasındaki farklılıkların genellikle geç aşamalarda daha belirgin hale geldiğidir. İkincisi, omurgalı embriyoların daha erken aşamalarda neredeyse özdeş olduğudur. Bu birinci iddia açıkça doğrudur. Ancak, araştırmamız ikinci iddiayı desteklememekte ve bunun yerine tailbud aşaması, yani omurgalıların varsayılan filotipik aşamasının önemli bir değişkenliğini – ve evrimsel belirsizliğini – ortaya koymaktadır. Tüm gelişim mekanizmalarının, zootip gibi korunmuş gelişim mekanizmaları tarafından son derece kısıtlanmadığını öne sürüyoruz. Embriyonik aşamalar, makroevrimsel değişim için anahtar hedefler olabilir."[188]

Bu referans, farklı hayvanların çok benzer embriyolarının bulunduğu bir filotipik veya pharyngula aşamasının varlığına dair iddiaların açık bir şekilde çürütülmesidir. İşte bu gerçeği de kanıtlayan bir başka referans:

"Filotipik aşamaya atıfta bulunarak, gelişim kalıpları, gelişim modülleri, gelişim mekanizmaları (gelişim entegrasyonu dahil) ve embriyolojik aşamalar üzerindeki doğal seçilimin etkisi ile ilgili birçok teori önerilmiştir. Ancak, filotipik aşama hiçbiri kesin bir şekilde tanımlanmamış, karşılaştırmalı niceliksel verilerle kesin bir şekilde desteklenmemiş veya çürütülmemiştir. Filotipik aşamanın 'gelişimsel kum saati' tanımının öngörülerini, omurgalılar genelinde ve memeliler içinde gelişim zamanlaması varyasyonunun desenine bakarak nicel olarak test ettik. Her iki veri seti için, iki farklı ölçüt kullanarak elde edilen sonuçlar, tanımın öngörülerinin tersine çıktı: Türler arasındaki fenotipik varyasyon, gelişim dizisinin ortasında en yüksek düzeydeydi. Bu şaşırtıcı derecede gelişimsel karakter bağımsızlığı, omurgalılarda bir filotipik aşamanın varlığını sorgulamaktadır."[189]

Evrim için bu yaygın ve popüler argümanların her iki versiyonu da çürütülmüştür. Bu gerçekten sıyrılmanın bir yolu yoktur. Ayrıca, embriyolojiye dayalı evrim argümanları yapan evrimcilerin yalan söyleyip söylemediğini görmek istiyorsanız, onların referanslarının tarihine ve az sayıda benzerlik olduğunu vurgulayan evrim biyologlarının referanslarının tarihine bakın; sözde filotipik aşamanın var olmadığına dair bilgiler de göz önünde bulundurun.

Yanlışlanabilirlik

Bu evrim argümanının çürütüldüğü oldukça açık görünüyor, ancak evrimciler bu gerçeği kabul etmek istemiyor ve bu nedenle ad hoc açıklamalar geliştireceklerdir. İşte daha önce alıntı yapılan evrimci PZ Myers'tan bir yanıt:

"Bu tek düşünceyi bu insanların kafasına sokabilmeyi isterdim: Evrim teorisi, benzerliklerin yanı sıra farklılıkları da öngörür. İki tür arasında bir fark bulmak, bizi topuklarımız üzerinde geri döndürüp, böyle bir şeyin olabileceği konusunda şok olmamıza neden olmaz."[190]

Bu yanıtın problemi şudur: Evrim teorisi belirli benzerlikleri öngörmüştü ve bu benzerliklerin artık var olmadığı gösterilmiştir. Bu, evrim için bu argümanı çürütmektedir. Yanıt, bu büyük farklılıkların evrimle uyumlu olduğudur. Problemin şurasıdır ki, eğer benzerlikler evrim tarafından öngörülüyorsa ve farklılıklar da evrim tarafından öngörülüyorsa, o zaman evrimle uyumsuz veya öngörülemeyen bir şey var mı? Burada yalnızca iki tür şey var: Benzerlikler ve farklılıklar. Üçüncü bir seçenek yok. Gerçek şu ki, eğer Myers gibi insanlarla hemfikir olursak, bu argümanı çürütmenin bir yolu yoktur. Her durumda, bu argüman çürütülmüştür.

Sonuç

Bu popüler ve yaygın evrim argümanının artık ölü ve çürütüldüğü açıktır. Evrimcilerden gelen referanslar, onların dürüstsüzlüğünü ve aldatıcı doğasını açıkça göstermektedir.

Vestigial Organlar, Çöp(junk) DNA ve Pseudogenler

Bunlar, benzer mantıklara dayanan üç farklı ama ilişkili argümandır. Bu argümanlar, kötü tasarım argümanlarının bir türüdür. Gelecek bir kitapta diğer kötü tasarım argümanlarını inceleyeceğiz. Bu bölümdeki argümanlar, Tanrı veya bir akıllı tasarımcının işe yaramaz veya amaçsız bir şey yaratmayacağı varsayımına dayanıyor.

Vestigial organlar, bir zamanlar atasal bir türde bir işlevi olduğu iddia edilen ancak artık bir işlevi bulunmayan beden parçalarıdır. Çöp(junk) DNA, protein oluşumunu kodlamayan DNA bölümleridir. Bu nedenle, bu bölümlerin işlevsiz DNA kesimleri olduğu varsayılmıştır. Pseudogen, yapısal olarak bir gene benzeyen ancak bir protein kodlama yeteneğine sahip olmayan DNA segmentidir. Pseudogenler, en sık olarak, yaşam tarihindeki biriken mutasyonlar nedeniyle protein kodlama yeteneğini kaybeden genlerden türetilir.

Bu argüman, muhtemelen son 150 yıldır evrimciler tarafından yapılan en yaygın argümandır. Diğer çoğu argümandan farklı olarak, hem kör ve rehberlik edilmeyen süreçler sonucu yaşamın ortaya çıkması hem de evrensel ortak ata için savunulmaktadır. Farklı hayvan formları arasında benzer işlevsiz şeylerin ortak tasarımdan kaynaklanamayacağı ve dolayısıyla ortak soyun bir sonucu olduğu şeklinde kullanılmaktadır.

Bu bölümde, bu üç argümanı tek bir argüman olarak ele alacağım çünkü her üç argümanın ardındaki temel mantık aynıdır. Ancak, bu üç şeyle ilgili argümanımı destekleyen yeterli referanslar ve örnekler vereceğim. Öncelikle evrimcilerden bu argümanla ilgili bazı referanslar verecek ve ardından bu argümanın ardındaki mantığı ve bilimi analiz edeceğim:

"Ayrıca, ardışık nesillerde ve türlerde taşınan işlevsiz genler olan pseudogenler de bulunmaktadır. Bu genler, farklı hayvanların biyolojik bir soy aracılığıyla nasıl bağlantılı olduğunu gösteren benzersiz tarihsel işaretler olarak işlev görebilir (Finlay 2013, 132–193; Futuyma ve Kirkpatrick 2017, 345–367). İnsanlar ve şimpanzeler çok benzer pseudogenler taşır, bu da insanların ve şimpanzelerin ortak bir ataya sahip olduğu iddiasını daha da doğrular (Zhang 2014). Böylece genetik bilimlerden evrime dair önemli kanıtlar vardır."

"İnsanlar, evrimsel atalarımızın belirgin bir işareti olan işe yaramaz vestigial yapılarla doludur."[191]

"Bütün yaşam, tarihinin izlerini taşır - insanları da dahil. Uygunsuz olan yirmilik dişlerimiz ve apandisimiz, evrimin bizi kurtaramadığı tarihsel kalıntılardır."[192]

"Organizmaların DNA miktarının, onları inşa etmek için kesinlikle gerekli olandan daha fazla olduğu görünmektedir: DNA'nın büyük bir kısmı asla proteine çevrilmez. Bireysel organizmanın bakış açısından bu paradoks gibi görünüyor. DNA'nın 'amacı'nın bedenlerin inşasını denetlemek olduğunu varsayarsak, bu işlevi olmayan büyük bir DNA miktarını bulmak şaşırtıcıdır. Biyologlar, bu görünüşte fazlalık DNA'nın ne tür faydalı bir görev üstlendiğini düşünmeye çalışıyorlar. Ancak, bencil genlerin bakış açısından bu bir paradoks değildir. DNA'nın gerçek 'amacı' hayatta kalmaktır, ne fazlası ne de eksiği. Fazla DNA'yı açıklamanın en basit yolu, onun bir parazit olduğunu veya en iyi ihtimalle diğer DNA tarafından yaratılan hayatta kalma makinelerinde sürüklenen zararsız ama işe yaramaz bir yolcu olduğunu varsaymaktır."[193]

"Aslında, insan genomu, akıllı tasarıma benzeyen hiçbir şeye atfedilemeyecek kadar fazla pseudogen, gen parçası, 'yetim' gen, 'çöp' DNA ve gereksiz DNA dizilerinin tekrar eden kopyaları ile doludur.

Bir insanın ya da herhangi bir organizmanın DNA'sı, her biri belirli bir işlevi yerine getirmek üzere yazılmış, düzgünce düzenlenmiş ve mantıksal olarak yapılandırılmış modüllerle dikkatlice hazırlanmış bir bilgisayar programına benziyor olsaydı, akıllı tasarım kanıtları ezici olurdu. Ancak aslında, genom, milyonlarca yıl süren deneme yanılma sonucunda bir araya getirilmiş, ödünç alınmış, kopyalanmış, mutasyona uğramış ve atılmış diziler ve komutlar yığınından başka bir şeye benzemiyor. Çalışıyor ve harika çalışıyor; bu akıllı tasarım yüzünden değil, doğanın seçilim gücünün yenilik yapma, test etme ve başarısız olanı atma yeteneği yüzünden. Bugün hayatta kalan organizmalar, bizler de dahil, evrimin büyük başarılarıdır."[194]

"Eğer organizmaların genomlarını tasarlıyorsanız, kesinlikle onları çöple doldurmazdınız.... Şu anda sahip olduğumuz genom analizlerinin en çarpıcı özelliği, ne kadar göründüğü kadar işlevsiz DNA'ın var olduğudur.... Darwinci bakış açısına göre, tüm bunlar açıklanabilir."[195]

Bu argüman hattı, Darwin'in kendisine kadar uzanıyor:

"Değişim ile soyun görüşüne göre, organların rudimenter, kusurlu ve işe yaramaz bir durumda veya tamamen abortif olarak varlığı, sıradan yaratılış doktrininde olduğu gibi garip bir zorluk oluşturmak bir yana, hatta öngörülebilir ve kalıtım yasaları ile açıklanabilir."[196]

Argümanın Mantığı

Bu argümanda büyük ölçüde mantıksal ve bilimsel problemler var. Öncelikle bu argümanların arkasındaki mantığı tartışacağım ve daha sonra bilimsel sorunlara gireceğim ve ardından bazı özel örnekler vereceğim. Akılda tutulması gereken ilk şey, bu argümanın, akıllı bir tasarımcının işe yaramaz ya da amaçsız şeyler yaratmayacağına dair bir sezgiye dayandığıdır. Bu bir sezgidir.

Bunu kanıtlamanın ya da çürütmenin bir yolu yoktur. Sadece içgüdüsel bir his. Evrimciler için sezgilere dayanan sorunlar bu kitapta defalarca tartışılmıştır. Akıllı tasarım argümanlarını destekleyen sezgiler kanıt değilse, o zaman evrimci argümanları destekleyen sezgiler de kanıt değildir. Bu, birinci problemdir, ancak bu argüman için çok daha büyük sorunlar da var.

Bu argümanın ikinci problemi, evrimcilerin tasarım savunucularını suçlamayı sevdiği "boşlukların Tanrısı" yanılgısıyla aynı mantıksal hataya dayanmasıdır. Bu yanılgıyı bu kitabın ikinci bölümünde tartıştım. Yanılgının nasıl işlediği kısaca şöyle: Evrende meydana gelen belirli bir fenomenin fiziksel açıklamasını bilmiyoruz. Dolayısıyla, o belirli fenomenin fiziksel bir açıklaması yoktur. Dolayısıyla, Tanrı yaptı.

Bu yanılgının sorunları açıktır. Diyelim ki belirli bir fenomenin fiziksel açıklamasını bilmiyoruz. Bu, o fenomenin fiziksel bir açıklamasının olmadığı sonucunu doğurmaz ve eğer o fenomenin fiziksel bir açıklaması yoksa, bu durum Tanrı'nın bunu yaptığı sonucunu da doğurmaz. Evrimciler sürekli olarak tasarım savunucularını bu yanılgıyı yapmakla suçlayacaklardır. Şimdi en yaygın evrimci argümanın bu tam yanılgıya dayandığını göstereceğim.

Bir DNA bölümünün, bir psödojenin ya da bir organın işlevini ya da amacını bilmiyoruz. Dolayısıyla, o şeyin hiçbir amacı yoktur. Dolayısıyla, işe yaramaz ya da işlevsizdir. Darwin zamanından günümüze kadar kullanılan bu popüler ve önemli evrimci argüman, "boşlukların Tanrısı" yanılgısıyla aynı mantık hatasına dayanıyor. Evrimcilerin ikiyüzlülüğü ve çifte standartları gerçekten şaşırtıcıdır. Bir şeyin işlevini bilmememiz, o şeyin işlevsiz olduğu varsayımını haklı çıkarmaz.

Bu argümanı haklı çıkarmak için bir destekleyici argüman vardır. Bu argüman, eğer sözde vestijyal (kalıntı) bir organı çıkarırsak ve beden normal bir şekilde işlevine devam ediyorsa, o organın vestijyal ve işlevsiz olduğunu bildiğimizi söyler. Bu argüman iki nedenden dolayı geçerli değildir. Öncelikle, bir organ sürekli çalışmıyorsa veya çıkarılmasının hemen bir etkisi yoksa, bu organın işlevsiz olduğu sonucu çıkmaz. İkincisi, bu bölümde daha sonra göreceğimiz gibi, insan apendiksi vestijyal bir organ olarak kabul edilmiş ve insanlar üzerinde sürekli olarak çıkarılmasına rağmen, şimdi önemli işlevleri olduğu bilinmektedir. Bu nedenle bu argüman da çürütülmüştür.

Yukarıda bahsedilen mantıksal problemler, bu argümanla ilgili tek mantıksal problemler değildir. Bu argümanın başka bir sorunu daha vardır. Bu argüman, canlıları zamanla değişmeyen nesnelerle, örneğin bir saat veya televizyonla eşitler. Bir saat veya televizyon tasarlayan insanların, oraya işe yaramaz veya işlevsiz şeyler koyması pek olası değildir. Ancak hayvanlar ve bitkiler, saatler veya televizyonlarla benzer değildir.

Binalarla daha çok benzerlik gösterirler. Farz edelim ki bir mimar 10 katlı bir bina tasarlıyor ve her kat birçok odaya sahip. Bina ilk başta kullanıldığında tüm odalar doludur, ancak zamanla bazı odalar boşalmaya başlar, çünkü içindeki insanlar işten çıkarılır, farklı bir yere taşınır veya ölür. Şimdi binanın bazı bölümleri geçici olarak kullanılmamaktadır. Ancak bu, binanın tasarlanmadığı anlamına mı gelir?

Ayrıca, birçok odanın daha sonra başka insanlar tarafından işgal edileceğini veya farklı amaçlar için kullanılacağını akılda tutmak gerekir. Ya da mimarın binanın tasarlandığı sırada işlevi olmayan ekstra odalar eklediği ve bu odaların daha sonra işlev kazanabileceği durumu da olabilir. Gelecekte işgal edilebilecek veya birden fazla amaç için kullanılabilecek ekstra odalar eklemek, kötü bir tasarım seçimi değil, iyi bir tasarım tercihi gibi görünmektedir.

Yukarıda tanımladığım benzerlik, evrimsel biyologlara göre Junk(çöp) DNA, Vestijyal(kalıntı) Organlar ve Psödojenler ile tam olarak olan şeydir. Birçoğunun başlangıçta bir işlevi vardı ancak şimdi tanımlanmış farklı bir işlevleri vardır. Eğer durum böyleyse ve bunun böyle olduğunu gösteren sayısız örnek vereceğim, o zaman burada yaşamın tasarlanmadığına dair bir argüman yoktur.

Bu argümanın başka bir sorunu daha vardır. Evrimci varsayım, vücudumuzdaki her şeyin hayatta kalmamıza ve türememize yardımcı olan bir işlevi olması gerektiğidir, ancak bu durum her zaman böyle olmak zorunda değildir. Bazı şeylerin vücudumuzda estetik nedenlerden veya benzeri bir sebepten dolayı bulunamayacağı neden olmasın? Bu mecburî olarak, o şeylerin güzel olmalarından orada olmaları anlamına gelmez.

Ayrıca bu şeylerin, belirli bir canlı ya da canlı gruplarına bir bütünlük kazandırmak için orada olabileceği de düşünülebilir. Örnek vermek gerekirse, diyelim ki erkek memeleri tamamen işlevsizdir ve bunların işlevsiz olduğunu kanıtlayabiliyoruz. Bu kötü bir tasarım olduğu anlamına mı geliyor? Hayır, belki de Tanrı veya akıllı tasarımcı, erkeklerin ve kadınların birbirine benzemesini istemiştir.

Bunun alışılmadık veya karşıt bir durumu yoktur. Bu her zaman olur. Örneğin, birçok okul tüm öğrencilerin aynı üniformayı giymesini ister, böylece birbirine benzer görünürler. Tüm bunlar hipotetik bir senaryodur. Erkek memelerinin uyarıcı bir organ olduğunu biliyoruz.[197]

Ayrıca, bu tartışmanın çoğunun bir tasarımcının ya da Tanrı'nın nasıl hareket edeceğine dayandığını akılda tutmak gerekir. Tüm bu argümanlar, kanıt olarak kabul edilemeyecek öznel sezgilere dayanmaktadır ve bu nedenle bu, bu argümanın bir başka büyük sorunudur. Junk DNA ve Vestijyal Organlar argümanının arkasındaki bilime henüz gelmedim ve bu argüman zaten çürütülmüş durumda. Bu, bu argümanın ne kadar zayıf olduğunu gösteriyor. Şimdi bu argümanın bilimsel sorunlarını tartışacağım.

Argümanın Arkasındaki Bilim

Evrimsel biyologlardan bu argüman hakkında gelen geleneksel görüş, bu bölümde daha önce verilen referanslardan net bir şekilde anlaşılmaktadır. Bu şeylerin uzun süre işe yaramaz ve işlevsiz olduğu düşünülüyordu. Yıllar boyunca, bilim insanları Vestigial Organlar için daha fazla işlev keşfettiler. İşte bu gerçeği belirten bir referans:

"Vestijyal organlar, doktorlar için uzun zamandır bir karmaşa ve rahatsızlık kaynağı, geri kalanlarımız için ise bir merak konusu olmuştur. 1893'te, Robert Wiedersheim adında bir Alman anatomist, "önceden mevcut olan fizyolojik önemi daha büyük olan" 86 insan "kalıntısı" organının bir listesini hazırladı. Yıllar içinde bu liste büyüdü, sonra yeniden küçüldü. Bugün, kimse kaç tane olduğunu hatırlayamıyor. Hatta terimin artık geçersiz olduğu, yalnızca o dönemin anatomik bilgisinin bir yansıması olarak faydalı olduğu bile öne sürüldü. Gerçekten de, günümüzde birçok biyolog vestigiyal organlar hakkında konuşmaktan son derece çekiniyor.

Bu durum, muhtemelen konunun yaratılışçılar ve akıllı tasarım lobisi için bir savaş alanı haline gelmiş olmasıdır. Bu gruplar, Wiedersheim'in orijinal listesinde yer alan hiçbir nesnenin artık vestigiyal olarak kabul edilmediğini, dolayısıyla bunların orijinal işlevlerini nasıl kaybettiklerini açıklamak için evrimi anımsatmanın gereksiz olduğunu savunuyor. Daha önce vestigiyal olarak kabul edilen bazı organların durumunu sorgulamakta haklı olsalar da, bu kavramı tamamen reddetmek, biyolojik gerçeklerle çelişmektedir."[198]

Bu referans, akıllı tasarıma karşı olan bir ana akım bilim web sitesindendir. Şimdi, sözde vestigiyal organların işlevlerini bildiğimizi göstermek için yeterlidir. Bu bölümde daha sonra bazı örnekler vereceğim.

Vestigiyal Organlar ile benzer bir durum, Junk DNA ve Pseudogenler için de meydana geldi. Daha önce işlevsiz olduğu düşünülen Junk DNA için zaman zaman işlev keşifleri oldu, ancak bilim insanlarının genel görüşü, DNA'nın büyük çoğunluğunun işlevsiz olduğu yönündeydi. Bu görüş, 2013'te ENCODE projesi tarafından yayımlanan bir makale ile değişmeye başladı. İşte makaleden bir referans:

"İnsan genomu, yaşamın planını kodlar, ancak neredeyse üç milyar bazın büyük çoğunluğunun işlevi bilinmemektedir. DNA Elemanları Ansiklopedisi (ENCODE) projesi, transkripsiyon bölgelerini, transkripsiyon faktörü ilişkilerini, kromatin yapısını ve histon modifikasyonlarını sistematik olarak haritalamıştır. Bu veriler, genomun %80'ine, özellikle iyi çalışılmış protein kodlama bölgeleri dışında biyokimyasal işlevler atamamızı sağladı. Keşfedilen birçok aday düzenleyici eleman, birbirleriyle ve ifade edilen genlerle fiziksel olarak ilişkilidir ve gen düzenleme mekanizmalarına dair yeni içgörüler sunar. Yeni tanımlanan elemanlar ayrıca, insan hastalığı ile bağlantılı dizilim varyantlarıyla istatistiksel bir ilişki göstermekte ve bu varyasyonun yorumlanmasına rehberlik edebilmektedir. Genel olarak, proje genlerimizin ve genomumuzun organizasyonu ve düzeni hakkında yeni içgörüler sunmakta ve biyomedikal araştırmalar için geniş bir işlevsel anotasyon kaynağı oluşturmaktadır."[199]

İşte Junk DNA ve psödojenlerin önemini ve işlevlerini vurgulayan bazı ek referanslar:

""Çöp DNA" terimi, yıllarca ana akım araştırmacıların kodlamayan DNA'yı incelemesinden alıkoydu. Kim, birkaç genomik çılgın dışında, genomik çöplerin içinde kazı yapmak ister ki? Ancak bilimde, normal hayatta olduğu gibi, alay edilme riskiyle popüler olmayan alanları keşfeden bazı çılgınlar vardır. Onlar sayesinde, özellikle tekrarlayan unsurları açısından çöp DNA'sına bakış açısı 1990'ların başında değişmeye başladı. Şimdi, daha fazla biyolog tekrarlayan unsurları bir genomik hazine olarak görmekte."[200]

"Son gelişmeler, bir psödojenin DNA'sının, psödojenden transkribe edilen RNA'nın veya psödojenden çevrilen proteinin çok sayıda, çeşitli işlevleri olabileceğini ve bu işlevlerin yalnızca ebeveyn genlerini değil, aynı zamanda ilgisiz genleri de etkileyebileceğini ortaya koymuştur. Bu nedenle, psödojenler, insan kanserinin patogenezinde çok yönlü bir şekilde yer alan, gen ifadesinin sofistike modülatörleri olarak daha önce yeterince takdir edilmemiş bir sınıf olarak ortaya çıkmıştır."[201]

"Psödojenler uzun zamandır 'çöp' DNA olarak etiketleniyor; bu, genomların evrimi sırasında ortaya çıkan genlerin başarısız kopyalarıdır. Ancak, son sonuçlar bu tanımı sorgulamaktadır; gerçekten de, bazı psödojenlerin protein kodlayan akrabalarını düzenleme potansiyeline sahip olduğu görünmektedir."[202]

""'Çöp DNA' günleri sona erdi," diyor Genome Biology and Evolution dergisinde yeni bir araştırma makalesinin kıdemli yazarları Christoph Grunau ve Christoph Grevelding. Çalışmaları, insan paraziti Schistosoma mansoni genomunda W unsurları olarak bilinen gizemli bir tekrarlayan DNA süper aile dizisine derinlemesine bir bakış sunuyor (Stitz et al. 2021). "Uydu benzeri W unsurları: tekrarlayan, transkribe edilen ve biyoloji ve Schistosoma mansoni'nin evrimi için potansiyel rolü olan muhtemel hareketli genetik faktörler" başlıklı bu analiz, bu elemanların yapısal, işlevsel ve evrimsel yönlerini ortaya koymakta ve "çöp" olmanın çok ötesinde, S. mansoni'nin biyolojisi üzerinde kalıcı bir etki yaratabileceklerini göstermektedir."[203]

"Artık, insan genomundaki işlevsel dizelerin çoğunun protein kodlamadığı kabul edilmektedir. Bunun yerine, uzun kodlamayan RNA'lar, promotörler, enhancer'lar ve sayısız gen düzenleyici motifler gibi elemanlar birlikte çalışarak genomu hayata geçirir. Bu bölgelerdeki varyasyonlar proteinleri değiştirmez, ancak protein ifadesini yöneten ağları etkileyebilir. HGP taslağı elimizdeyken, protein kodlamayan elemanların keşfi patladı. Şu ana kadar, bu büyüme protein kodlayan genlerin keşfini beş kat geride bıraktı ve yavaşlama belirtisi göstermiyor. Benzer şekilde, bu tür elemanlar hakkında yayımlanan makalelerin sayısı da veri setimizi kapsayan dönemde arttı."[204]

Bu referanslar, bilimsel kanıtların bu evrim argümanı için büyük sorunlar yarattığını göstermek için yeterlidir. Şimdi, işlevsiz olduğu düşünülen ancak şimdi bilinen işlevlere sahip 5 spesifik vestigiyal organ ve DNA türü örneği vereceğim.

İnsan apendiksi

İnsan apendiksi, Darwin ve birçok diğer evrimci tarafından vestigiyal bir organ olarak kabul edilmiştir. Şimdi bunun enfeksiyonlarla mücadelede ve sindirime yardımcı olan yararlı bakterilerin güvenli bir alanı olarak önemli işlevlere sahip olduğunu biliyoruz.[205][206]

Balina kalçaları

Balina kalçalarının vestigiyal organlar olduğu düşünülüyordu. Şimdi bunun önemli işlevlere sahip olduğunu biliyoruz. Bu konu ile ilgili bir referans:

"Balinalar ve yunuslar kalçalarına ihtiyaç duyuyorlar, bu da anlaşıldı. Vestigiyal olduğu düşünülen kemiklerin, üreme için önemli olduğu ortaya çıktı. Bir cetaceanın penisini kontrol eden kaslar — oldukça hareketli olan bu penis — doğrudan pelvik kemiklerine bağlanır. Bu nedenle, araştırmacılar pelvik kemiklerin bireysel bir cetaceanın penis üzerindeki kontrol düzeyini etkileyebileceğini, belki de evrimsel bir avantaj sağladığını düşündüler."[207]

İnsan yumurta kesesi

İnsan embriyosu, birincil ve ikincil gelişim aşamalarından geçen bir yumurta kesesini korur. Bunun işe yaramaz bir vestigiyal organ olduğu düşünülüyordu, ancak yakın zamanda onun için önemli işlevler keşfettik. Bu konu ile ilgili bir referans:

"Tavuklar, ördek gagalı ornitorenkler ve yumurtadan çıkan diğer hayvanlar gibi, embriyo iken bir yumurta keseniz vardı. Birçok omurgalıda bu kese, embriyoyu beslemeye yardımcı olan besin açısından zengin sıvı olan yumurtayı tutma dahil olmak üzere birçok gelişimsel rol üstlenir.

Ancak, insan yumurta kesesinin işlevi belirsizdir. Yumurtayı içermez ve hamileliğin ikinci trimesteri sırasında küçülür; plasenta, yavruların beslenmesi için ana yolu sağlar. Şimdi, Science dergisinde yayımlanan bir çalışma, insan yumurta kesesinin gelişimin ilerleyen aşamalarında ortaya çıkan karaciğer ve böbrekler gibi organların işlevini üstlendiğini ortaya koyuyor. Bulgular, araştırmacıların laboratuvar ortamında daha iyi embriyo taklitleri oluşturmasına ve hastalıkları tedavi etmek için bağışıklık hücrelerini yetiştirmek için yeni yöntemler geliştirmesine yardımcı olabilir...

Haniffa'nın söylediğine göre, çalışmanın sonuçları, "erken gelişim sırasında embriyo için son derece kritik olan geçici bir yapının bulunduğunu" gösteriyor. Çok yönlü yumurta kesesi, "üç organı bir arada barındırıyor," diyor ve ileride karaciğer, böbrekler ve kemik iliğine devredilecek işlevleri yerine getiriyor."[208]

Junk DNA'nın Tekrarlayan Unsurları

Sıklıkla işlevsiz olarak görülen birçok tekrarlayan unsur vardır. Şimdi bu elemanların hastalıklarla ilgili önemli işlevlere sahip olduğunu biliyoruz. Bu konu ile ilgili bir referans:

"Tarihsel olarak, insan genomlarındaki tekrarlayan elemanlar çoğunlukla seçici evrimsel baskı altında olmayan düzensiz 'çöp DNA' olarak görülmüştür. Bu nedenle, bu tekrarlayan elemanların genişlemeleri, yalnızca yüksek penetrasyona sahip ve sendromik insan hastalıklarına yol açtıklarında belirgin ve önemli hale gelen talihsiz kazalar olarak kabul edilmektedir."[209]

Korunmamış DNA

Evrimcilerin çok yaygın bir iddiası, insanlarla memeliler arasında dizilerin yüzde 10'undan daha azının korunmuş (benzer) olduğudur. Bu nedenle, korunmamış DNA'nın işlevsiz olması gerektiği söylenir. Ancak, bu iddianın problemi, korunmamış DNA'nın işlevsel olduğuna dair kanıtlarımızın bulunmasıdır. Bu konu ile ilgili bir referans:

"Memelilerin transkriptomunda birçok protein kodlamayan RNA (ncRNA) bulunmaktadır, ancak bunların çoğunun önemi belirsizdir ve güçlü dizilim korunumu yoktur, bu da işlevsiz olabilecekleri yönünde önerilere yol açmıştır. Ancak, Air ve Xist gibi bazı uzun işlevsel ncRNA'lar da zayıf korunmuştur. Bu makalede, işlevi belgelenmiş veya güvenle tahmin edilmiş miRNA'lar, snoRNA'lar ve daha uzun ncRNA'lar dahil olmak üzere çeşitli işlevsel ncRNA gruplarının korunumunu sistematik olarak analiz ettik. Beklendiği gibi, miRNA'lar ve snoRNA'lar yüksek derecede korunmuştur. Buna karşın, daha uzun işlevsel mikro olmayan, snoRNA olmayan ncRNA'lar çok daha az korunmuş olup, birçokları hızlı dizilim evrimi göstermektedir. Bulduğumuz sonuçlar, daha uzun ncRNA'ların farklı evrimsel kısıtlamaların etkisi altında olduğunu ve binlerce aday ncRNA'nın gösterdiği korunmama eksikliğinin mutlaka işlevsizlik anlamına gelmediğini önermektedir."[210]

Yanlışlanabilirlik

Bu argüman, net bir tahminde bulundu ve bu tahmin açıkça çürütüldü. Bunun yanı sıra, argümanın arkasındaki derin problemli mantığı görmezden geliyor. Buna rağmen, evrimciler bunu yok sayacak ve yine de Evrim'e inanmayı sürdüreceklerdir. Basit gerçek şu ki, bu argümanların hiçbirinin yanlışlanabilirliği yoktur. Evrimciler, Evrim'e olan inançlarını sürdürmek için her zaman ad hoc inançlar ortaya atacaklardır.

Sonuç

Basit gerçek şudur ki, kanıtlar ve gerçekler, evrime inanmanın nedeni değildir. Bunun yerine, bu inancın bir yüzyıldan fazla süren bir beyin yıkamanın sonucuna dayandığı görülmektedir. Ayrıca, bana öyle geliyor ki, çoğu insan inançlarının yanlış olduğunu kabul etmek istemiyor. Bu durum, diğer birçok yanlış dinin takipçileriyle de yaşanıyor ve şimdi evrim inananlarıyla da gerçekleşiyor.

Sonuç

Bu kitapta, evrim ve tasarım arasındaki tartışmada yer alan temel mantığı ve bilimsel kanıtları ele aldım. Evrim, soğuk ve sert bir gerçek olarak sunuluyor, ancak evrimcilerin üzücü gerçeği, bunun sadece iyi bir kamu ilişkisi ve büyük miktarda beyin yıkama ile şekillendirilmiş ölü bir din olduğudur.

Gerçek şu ki, standart evrim modeli ve mekanizması evrimcilere verildiğinde bile, yaşamın tasarlandığına dair hala son derece güçlü kanıtlar vardır ve bu kanıtlar, evrimcilerin kendileri tarafından kullanılan ve kabul edilen ölçüt olan Ockham'ın usturasına dayanmaktadır. Bunun nedeni, evrimci inançlarda derin mantık problemleri olması ve birçok evrimci inancın, sahip olduklarını iddia ettikleri ölçütlere göre başarısız olmasıdır.

Evrensel ortak ataya dair kapsamlı bir analiz yaptım ve bu yaygın evrimci inancın, diğer inançlarının analizi yapıldığında ve yaşamın tasarlandığına karşı olan argümanları için getirdikleri gerekçeler evrensel ortak ataya uygulandığında ortaya çıkan sonuçları ele aldım.

Ayrıca, evrime dair en yaygın bilimsel kanıtların bazılarını detaylı bir şekilde analiz ettim ve bu kanıtlarla ilgili büyük problemleri görmek ve anlamak oldukça kolay. Fosil kayıtları, evrimsel tahminlerle örtüşmüyor. Bu durum, evrimin mekanizmasına dair birkaç argümandan biri olması ve hatta evrimsel biyologların fosil kayıtlarının evrimsel tahminlerle örtüşmediğini kabul etmesi, evrim mekanizmasının kanıtlarının ne kadar zayıf olduğunu gösteriyor olmalı.

Evrensel ortak ataya dair bilimsel kanıtlara baktığımızda, bilim hem filogenetik ağaçlar argümanını hem de embriyoloji argümanını ile çelişiyor. Bu gerçekten sıyrılmanın bir yolu yok. Biyocoğrafya ile ilgili durum bu iki argümandan o kadar kötü değil ama biyocoğrafya alanında da sıkça umutsuz ve ad hoc açıklamalar (örneğin, rifting hipotezi) gerektiren büyük sorunlar var.

Ayrıca, en popüler evrimci argüman olan Çöp DNA ve Vestigial organları da inceledik. Bu iki argümandaki büyük problemleri görmek için bilime bile bakmamıza gerek yok. Ama basit gerçek, bilimsel kanıtların bu iki argümanı da çürüttüğüdür. Bunlar evrimcilerin en yaygın kullandığı argümanlardan bazılarıdır ve bu argümanların bu kadar kolayca çürütülebilmesi, evrimcilerin pozisyonunun ne kadar zayıf ve çaresiz olduğunu göstermelidir.

Evrim ve tasarım ile ilgili tüm konuları ele almadım. Basit nedeni, bunun geniş bir konu olması ve tartışacak çok sayıda birbiriyle ilişkili alanın bulunmasıdır. Geri kalan konuları gelecekteki kitaplarımda ele alacağım, inşaallah.

Bibliyografya

[1] Kelemen, D. (2004). Are Children "Intuitive Theists"? Reasoning About Purpose and Design in Nature. Psychological Science, 15(5), pp. 295-301.

[2] Paul Bloom, "Religion is natural," *Developmental Science*, 10:1, pp 147-151 (2007)

[3] Richard Dawkins, The Blind Watchmaker, 1996, p. 1

[4] Francis Crick, What Mad Pursuit: A Personal View of Scientific Discovery, 1988, p. 374

[5] E.V.R. Kojonen, The Intelligent Design Debate and the Temptation of Scientism, 2015, p. 55

[6] Miller, "Life's Grand Design," 24-32

[7] Francisco Ayala, Debating Design: From Darwin to DNA, 2004, p. 70

[8] Gould, S.J., Is a new and general theory of evolution emerging? Paleobiology 6:119–130 (p.127), 1980.

[9] Jeffrey H. Schwartz, Bruno Maresca, "Do Molecular Clocks Run at All? A Critique of Molecular Systematics," Biological Theory, 1(4):357-371, (2006)

[10] Richard Dawkins, The Greatest Show on Earth, 2009, p. 321-322

[11] Richard Dawkins Answers Reddit Questions[1]

[12] How do genes direct the production of proteins?: MedlinePlus Genetics[2]

---

1. https://www.youtube.com/watch?v=vueDC69jRjE&t=524s

[13] What is noncoding DNA?: MedlinePlus Genetics[3]

[14] Richard Dawkins, River out of Eden, p. 17

[15] Stephen C. Meyer, Darwin's Doubt: The Explosive Origin of Animal Life and the Case for Intelligent Design, 2013, p. 67

[16] Stephen C. Meyer, Darwin's Doubt: The Explosive Origin of Animal Life and the Case for Intelligent Design, 2013, p. 259

[17] Bernard John and George Miklos, The Eukaryote Genome in Development and Evolution, 309

[18] Keith Thomson, Macroevolution, p. 111

[19] Fisher, The Genetical Theory of Natural Selection, 44

[20] McDonald, "The Molecular Basis of Adaptation," 93

[21] McDonald, "The Molecular Basis of Adaptation," 93

[22] Shoaib Ahmed Malik, Islam and Evolution: Al-Ghazālī and the Modern Evolutionary Paradigm, 2021, p. 38

[23] evolution | Learn Science at Scitable[4]

[24] Shoaib Ahmed Malik, Islam and Evolution: Al-Ghazālī and the Modern Evolutionary Paradigm, 2021, p. 23

---

2. https://medlineplus.gov/genetics/understanding/howgeneswork/makingprotein/

3. https://medlineplus.gov/genetics/understanding/basics/noncodingdna/

4. https://www.nature.com/scitable/definition/evolution-78/

[25] Shoaib Ahmed Malik, Islam and Evolution: Al-Ghazālī and the Modern Evolutionary Paradigm, 2021, p. 26

[26] The Third Way of Evolution[5]

[27] E.V.R. Kojonen, The Intelligent Design Debate and the Temptation of Scientism, 2015, p. 55

[28] The God of the Galápagos | Nature[6]

[29] Use Random Module to Generate Random Numbers in Python[7]

[30] Elliott Sober, Evidence and Evolution: The logic behind the science, 2008, p. 143-144

[31] Elliott Sober, Evidence and Evolution: The logic behind the science, 2008, p. 129

[32] Elliott Sober, Evidence and Evolution: The logic behind the science, 2008, p. 130-131

[33] Shoaib Ahmed Malik, Islam and Evolution: Al-Ghazālī and the Modern Evolutionary Paradigm, 2021, p. 48

[34] Defending Darwin from Hoodbhoy – Response to 'Corona — our debt to Darwin' – Subboor Ahmed[8]

---

5. https://www.thethirdwayofevolution.com/

6. https://www.nature.com/articles/352485a0

7. https://www.toppr.com/guides/python-guide/tutorials/modules/modules/random/use-random-module-to-generate-random-numbers-in-python/

8. https://subboorahmad.com/defending-darwin-from-hoodbhoy-response-to-corona-our-debt-to-darwin/

[35] Todd, S.C., correspondence to Nature 401(6752):423, 30 Sept. 1999

[36] Shoaib Ahmed Malik, Islam and Evolution: Al-Ghazālī and the Modern Evolutionary Paradigm, 2021, p. 46

[37] Elliott Sober, Evidence and Evolution: The logic behind the science, 2008, p. 264, emphasis added

[38] Elliott Sober, Evidence and Evolution: The logic behind the science, 2008, p. 265

[39] Richard Dawkins, The Blind Watchmaker, p. 270, emphasis added

[40] George McGhee, Convergent Evolution: Limited Forms Most Beautiful, 2011, p. 5-6

[41] Matthew Cobb, Life's Greatest Secret: The race to crack the genetic code, 2015, p. 290

[42] E.V.R. Kojonen, The Intelligent Design Debate and the Temptation of Scientism, 2015, p. 133-134

[43] Elliott Sober, Evidence and Evolution: The logic behind the science, 2008, p. 310-311, emphasis added

[44] Richard Dawkins, The God delusion, page 169-170

[45] Physicists & Philosophers debunk The Fine Tuning Argument[9]

[46] Alan De Queiroz, Resurrection of Oceanic Dispersal in Historical Biogeography, 2005

---

9. https://www.youtube.com/watch?v=jJ-fj3lqJ6M

[47] Physicists & Philosophers debunk The Fine Tuning Argument[10]

[48] Convergent evolution explained with 13 examples | Natural History Museum[11]

[49] George McGhee, Convergent Evolution: Limited Forms Most Beautiful, 2011, p. 245-246

[50] George McGhee, Convergent Evolution: Limited Forms Most Beautiful, 2011, p. 39-40

[51] Simon Conway Morris, Life's Solution: Inevitable humans in a lonely universe, 2003, p. 283-284

[52] To converge or not to converge in environmental space: testing for similar environments between analogous succulent plants of North America and Africa - PMC[12]

[53] Shoaib Ahmed Malik, Islam and Evolution: Al-Ghazālī and the Modern Evolutionary Paradigm, 2021, p. 53

[54] E.V.R. Kojonen, The Intelligent Design Debate and the Temptation of Scientism, 2015, p. 56

[55] E.V.R. Kojonen, The Intelligent Design Debate and the Temptation of Scientism, 2015, p. 51-52

[56] Richard Dawkins Answers Reddit Questions[13]

---

10. https://www.youtube.com/watch?v=jJ-fj3lqJ6M

11. https://www.nhm.ac.uk/discover/convergent-evolution.html

12. https://www.ncbi.nlm.nih.gov/pmc/articles/PMC3662519/

13. https://www.youtube.com/watch?v=vueDC69jRjE&t=524s

[57] (DOC) A Muslim Response to the Evidential challenge of Human Evolution | Zaid Abu Hurayra - Academia.edu[14]

[58] Jonathan Wells, Zombie Science: More Icons of Evolution, 2017, p. 30

[59] Fossils - British Geological Survey[15].

[60] Shoaib Ahmed Malik, Islam and Evolution: Al-Ghazālī and the Modern Evolutionary Paradigm, 2021, p. 32

[61] The evolution of human evolution[16]

[62] Jonathan Wells, Zombie Science: More Icons of Evolution, 2017, p. 140

[63] Stephen Jay Gould: Did He Bring Paleontology to the "High Table"?[17]

[64] Jerry A. Coyne, Why Evolution Is True, 2009, p. 71-72

[65] Jerry A. Coyne, Why Evolution Is True, 2009, p. 165

---

14. https://www.academia.edu/104895405/

    A_Muslim_Response_to_the_Evidential_challenge_of_Human_Evolution

15. https://www.bgs.ac.uk/discovering-geology/fossils-and-geological-time/

    fossils/#_853ae90f0351324bd73ea615e6487517__4c761f170e016836ff84498202b99827__853ae90f0351324bd

    73ea615e6487517_text_43ec3e5dee6e706af7766fffea512721_What_0bcef9c45bd8a48eda1b26eb0c61c869_20is

    _0bcef9c45bd8a48eda1b26eb0c61c869_20a_0bcef9c45bd8a48eda1b26eb0c61c869_20fossil_0bcef9c45bd8a48e

    da1b26eb0c61c869_3F_c0cb5f0fcf239ab3d9c1fcd31fff1efc_than_0bcef9c45bd8a48eda1b26eb0c61c869_2010_0

    bcef9c45bd8a48eda1b26eb0c61c869_20000_0bcef9c45bd8a48eda1b26eb0c61c869_20years_0bcef9c45bd8a48e

    da1b26eb0c61c869_20old

16. https://researchfeatures.com/human-evolution/

17. https://www.researchgate.net/publication/

    43225497_Stephen_Jay_Gould_Did_He_Bring_Paleontology_to_the_High_Table

[66] Shoaib Ahmed Malik, Islam and Evolution: Al-Ghazālī and the Modern Evolutionary Paradigm, 2021, p. 32

[67] Gould, S.J., Is a new and general theory of evolution emerging? Paleobiology 6:119–130 (p.127), 1980.

[68] Gould, S.J., Evolution' erratic pace. *Natural History* 86(5):14, 1977.

[69] Niles Eldredge, Reinventing Darwin: The Great Evolutionary Debate (New York: John Wiley & Sons, 1995), 95.

[70] The Cambrian explosion[18].

[71] Stephen C. Meyer, Darwin's Doubt: The Explosive Origin of Animal Life and the Case for Intelligent Design, 2013, p. 67

[72] Marten Scheffer, Critical Transitions in Nature and Society, 2009, p. 169-170

[73] Douglas Erwin, James Valentine, The Cambrian Explosion: The Construction of Animal Biodiversity, p. 6

[74] Rates of phenotypic and genomic evolution during the Cambrian explosion - PubMed[19]

---

18. https://evolution.berkeley.edu/

the-cambrian-explosion/#_853ae90f0351324bd73ea615e6487517__4c761f170e016836ff84498202b99827__853

ae90f0351324bd73ea615e6487517_text_43ec3e5dee6e706af7766fffea512721_Around_0bcef9c45bd8a48eda1b2

6eb0c61c869_20530_0bcef9c45bd8a48eda1b26eb0c61c869_20million_0bcef9c45bd8a48eda1b26eb0c61c869_2

0years_0bcef9c45bd8a48eda1b26eb0c61c869_20ago_c0cb5f0fcf239ab3d9c1fcd31fff1efc_we_0bcef9c45bd8a48e

da1b26eb0c61c869_20observe_0bcef9c45bd8a48eda1b26eb0c61c869_20in_0bcef9c45bd8a48eda1b26eb0c61c8

69_20modern_0bcef9c45bd8a48eda1b26eb0c61c869_20groups

19. https://pubmed.ncbi.nlm.nih.gov/24035543/

[75] Nelson R. Cabej, Epigenetic Mechanisms of the Cambrian Explosion, 2019, p.

[76] https://darwin-online.org.uk/Variorum/1861/1861-497-c-1860.html

[77] The meaning of Darwin's "abominable mystery"[20].

[78] C.P. Hickman, L.S. Roberts, and F.M. Hickman, Integrated Principles of Zoology, p. 866

[79] Walter Etter, "Patterns of Diversification and Extinction," in Handbook of Paleoanthropology: Principles, Methods, and Approaches, ed. Winfried Henke and Ian Tattersall, 2nd ed. (Heidelberg: Springer, 2015), 351–415.

[80] The Ordovician: Life's second big bang | New Scientist[21]

[81] Richard M. Bateman et al., "Early Evolution of Land Plants: Phylogeny, Physiology, and Ecology of the Primary Terrestrial Radiation," Annual Review of Ecology and Systematics 29 (1998): 263–292.

[82] Gareth J. Fraser et al., "The Odontode Explosion: The Origin of Tooth-Like Structures in Vertebrates," Bioessays 32 (2010): 808–817

---

20. https://bsapubs.onlinelibrary.wiley.com/doi/10.3732/

ajb.0800150#_853ae90f0351324bd73ea615e6487517__4c761f170e016836ff84498202b99827__853ae90f03513

24bd73ea615e6487517_text_43ec3e5dee6e706af7766fffea512721__0bcef9c45bd8a48eda1b26eb0c61c869_E2_0

bcef9c45bd8a48eda1b26eb0c61c869_80_0bcef9c45bd8a48eda1b26eb0c61c869_9CThe_0bcef9c45bd8a48eda1b

26eb0c61c869_20abrupt_0bcef9c45bd8a48eda1b26eb0c61c869_20manner_0bcef9c45bd8a48eda1b26eb0c61c8

69_20in_0bcef9c45bd8a48eda1b26eb0c61c869_20which_c0cb5f0fcf239ab3d9c1fcd31fff1efc_in_0bcef9c45bd8a

48eda1b26eb0c61c869_20the_0bcef9c45bd8a48eda1b26eb0c61c869_20transmutation_0bcef9c45bd8a48eda1b2

6eb0c61c869_20of_0bcef9c45bd8a48eda1b26eb0c61c869_20species

21. https://www.newscientist.com/article/mg19826601-700-the-ordovician-lifes-second-big-bang/

[83] Christian Klug et al., "The Devonian Nekton Revolution," Lethaia 43 (2010): 465–477.

[84] April: Dinosaurs ended - and originated - with a bang | News and features | University of Bristol[22]

[85] The macroevolutionary singularity of snakes | Science[23]

[86] Stefanie De Bodt, Steven Maere, and Yves Van de Peer, "Genome duplication and the origin of angiosperms," Trends in Ecology and Evolution, 20:591-597 (2005).

[87] Alan Cooper and Richard Fortey, "Evolutionary Explosions and the Phylogenetic Fuse," Trends in Ecology and Evolution, 13: 151-156 (April, 1998).

[88] Elliott Sober, Evidence and Evolution: The logic behind the science, 2008, p. 318-319

[89] Shoaib Ahmed Malik, Islam and Evolution: Al-Ghazālī and the Modern Evolutionary Paradigm, 2021, p. 50

[90] The completeness of the fossil record - Benton - 2009 - Significance - Wiley Online Library[24]

[91] Absolute measures of the completeness of the fossil record | Nature[25]

[92] Absolute measures of the completeness of the fossil record | Nature[26]

---

22. https://www.bristol.ac.uk/news/2018/april/dinosaurs-ended-and-originated-with-a-bang-.html

23. https://www.science.org/doi/10.1126/science.adh2449

24. https://rss.onlinelibrary.wiley.com/doi/full/10.1111/j.1740-9713.2009.00374.x

25. https://www.nature.com/articles/18872

26. https://www.nature.com/articles/18872

[93] The completeness of the fossil record - Benton - 2009 - Significance - Wiley Online Library[27]

[94] Quality of the fossil record through time | Nature[28]

[95] Sampling, taxonomic description, and our evolving knowledge of morphological diversity | Paleobiology | Cambridge Core[29]

[96] Structure, not Bias | Journal of Paleontology | Cambridge Core[30]

[97] The quality of the fossil record across higher taxa: compositional fidelity of phyla and classes in benthic marine associations - PMC[31]

[98] Stephen Jay Gould, Punctuated Equilibrium, 2007, p. 19

[99] Stephen Jay Gould and Niles Eldredge, Punctuated Equilibria: An Alternative to Phyletic Gradualism, 1972

[100] Schopf, Editorial Introduction to Eldredge and Gould, "Punctuated Equilibria: An Alternative to Phyletic Gradualism"

[101] Stephen Jay Gould, The Structure of Evolutionary Theory, 2002, 703

[102] Neo-darwinism still haunts evolutionary theory: A modern perspective on - PMC[32]

---

27. https://rss.onlinelibrary.wiley.com/doi/full/10.1111/j.1740-9713.2009.00374.x

28. https://www.nature.com/articles/35000558

29. https://www.cambridge.org/core/journals/paleobiology/article/abs/sampling-taxonomic-description-and-our-evolving-knowledge-of-morphological-diversity/5D44EF179954D44ED12A77D18D7DAA22

30. https://www.cambridge.org/core/journals/journal-of-paleontology/article/structure-not-bias/309B2D6D87176F77774D07A67B1E7A64

31. https://www.ncbi.nlm.nih.gov/pmc/articles/PMC10348303/

[103] Richard Dawkins, The Blind Watchmaker, 1986, p. 265

[104] Charlesworth, Lande, and Slatkin, "A Neo-Darwinian Commentary on Macroevolution," 493

[105] Valentine and Erwin, "Interpreting Great Developmental Experiments," 96

[106] Intelligent design is not a theory[33]

[107] Shoaib Ahmed Malik, Islam and Evolution: Al-Ghazālī and the Modern Evolutionary Paradigm, 2021, p. 23

[108] Jerry A. Coyne, Why Evolution Is True, 2009, p. 70

[109] Jerry A. Coyne, Why Evolution Is True, 2009, p. 72

[110] Elliott Sober, Evidence and Evolution: The logic behind the science, 2008, p. 143-144

[111] Shoaib Ahmed Malik, Islam and Evolution: Al-Ghazālī and the Modern Evolutionary Paradigm, 2021, p. 34-35

[112] Jerry A. Coyne, Why Evolution Is True, 2009, p. 121

[113] Jerry A. Coyne, Why Evolution Is True, 2009, p. 35-38

[114] Neil Shubin, Your Inner Fish: A Journey Into the 3.5-Billion-Year History of the Human Body, 2008, p. 24

[115] Muddy tetrapod origins | Nature[34]

---

32. https://www.ncbi.nlm.nih.gov/pmc/articles/PMC8979413/

33. https://www.denverpost.com/2005/08/11/intelligent-design-is-not-a-theory/

34. https://www.nature.com/articles/463040a

[116] https://web.archive.org/web/20101012112256/
http://blogs.nature.com/henrygee/2010/01/06/first-footing

[117] Jerry A. Coyne, Why Evolution Is True, 2009, p. 95-96

[118] Discovery Raises New Doubts About Dinosaur-bird Links | ScienceDaily[35]

[119] Alan Feduccia, Riddle of the Feathered Dragon, 2012, p. 236

[120] The oldest fossil bird-like footprints from the upper Triassic of southern Africa | PLOS ONE[36]

[121] Mysterious bird-like tracks in Africa: The oldest birds?[37]

[122] Mysterious Bird-Like Footprints in Africa Predate The Existence of Birds : ScienceAlert[38]

[123] Jerry A. Coyne, Why Evolution Is True, 2009, p. 52

[124] Jerry A. Coyne, Why Evolution Is True, 2009, p. 53-55

[125] Ghost Lineages Highly Influence the Interpretation of Introgression Tests | Systematic Biology | Oxford Academic[39]

[126] https://ui.adsabs.harvard.edu/abs/1993AmJS..293..407N/abstract

[127] J.G.M. Thewissen, "Whales originated from aquatic artiodactyls," 1190

---

35. https://www.sciencedaily.com/releases/2009/06/090609092055.htm

36. https://journals.plos.org/plosone/article?id=10.1371/journal.pone.0293021

37. https://cosmosmagazine.com/history/palaeontology/oldest-bird-tracks-fossil-africa/

38. https://www.sciencealert.com/mysterious-bird-like-footprints-in-africa-predate-the-existence-of-birds

39. https://academic.oup.com/sysbio/article/71/5/1147/6529125

[128] Kevin Padian, "The tale of the whale," Reports of the National Center for Science Education 17:6 (1997): 26–27.

[129] Phillip D. Gingerich, New Protocetid Whale from the Middle Eocene of Pakistan: Birth on Land, Precocial Development, and Sexual Dimorphism, 2009, p. 14

[130] J. G. M. Thewissen, The Walking Whales: From Land to Water in Eight Million Years (Berkeley: University of California Press, 2014), p. 169.

[131] Where Do Otters Live?[40].

[132] New whale from the Eocene of Pakistan and the origin of cetacean swimming | Nature[41]

[133] Whale Origins as a Poster Child for Macroevolution | BioScience | Oxford Academic[42]

[134] A new, diminutive Eocene whale from Kachchh (Gujarat, India) and its implications for locomotor evolution of cetaceans[43]

---

40. https://www.worldanimalprotection.us/latest/blogs/

where-do-otters-live/#_853ae90f0351324bd73ea615e6487517__4c761f170e016836ff84498202b99827__853ae9

0f0351324bd73ea615e6487517_text_43ec3e5dee6e706af7766fffea512721_Otters_0bcef9c45bd8a48eda1b26eb0

c61c869_20prefer_0bcef9c45bd8a48eda1b26eb0c61c869_20wet_0bcef9c45bd8a48eda1b26eb0c61c869_20habit

ats_0bcef9c45bd8a48eda1b26eb0c61c869_20and_c0cb5f0fcf239ab3d9c1fcd31fff1efc_of_0bcef9c45bd8a48eda1b

26eb0c61c869_20their_0bcef9c45bd8a48eda1b26eb0c61c869_20time_0bcef9c45bd8a48eda1b26eb0c61c869_2

0on_0bcef9c45bd8a48eda1b26eb0c61c869_20land

41. https://www.nature.com/articles/368844a0

42. https://academic.oup.com/bioscience/article/51/12/1037/223993

43. https://www.jstor.org/stable/24105112

[135] Elliott Sober, Evidence and Evolution: The logic behind the science, 2008, p. 318-323

[136] Shoaib Ahmed Malik, Islam and Evolution: Al-Ghazālī and the Modern Evolutionary Paradigm, 2021, p. 23

[137] Shoaib Ahmed Malik, Islam and Evolution: Al-Ghazālī and the Modern Evolutionary Paradigm, 2021, p. 38

[138] Reading a Phylogenetic Tree: The Meaning of Monophyletic Groups[44]

[139] Phylogenetics of man-made objects: simulating evolution in the classroom – Science in School[45]

[140] Jeffrey H. Schwartz, Bruno Maresca, "Do Molecular Clocks Run at All? A Critique of Molecular Systematics," Biological Theory, 1(4):357-371, (2006)

[141] Richard Dawkins, The Greatest Show on Earth, 2009, p. 321-322

[142] Richard Dawkins: One Fact to Refute Creationism[46]

[143] Animal evolution and the molecular signature of radiations compressed in time - PubMed[47]

[144] The Sources of Phylogenetic Conflicts - Archive [48]ouverte[49] HAL[50]

---

44. https://www.nature.com/scitable/topicpage/reading-a-phylogenetic-tree-the-meaning-of-41956/

45. https://www.scienceinschool.org/article/2013/phylogenetics/

46. https://youtu.be/TjxZ6MrBl9E?si=b064X-updZhxKjSh

47. https://pubmed.ncbi.nlm.nih.gov/16373569/

48. https://hal.science/hal-02535482

49. https://hal.science/hal-02535482

50. https://hal.science/hal-02535482

[145] Gene tree discordance, phylogenetic inference and the multispecies coalescent - PubMed[51]

[146] PhyloWGA[52]: chromosome-aware phylogenetic interrogation of whole genome alignments[53]

[147] The universal ancestor - PubMed[54]

[148] Large-scale taxonomic profiling of eukaryotic model organisms: a comparison of orthologous proteins encoded by the human, fly, nematode, and yeast genomes - PubMed[55]

[149] Graham Lawton, "Why Darwin was wrong about the tree of life," New Scientist (January 21, 2009)

[150] Zuckerkandl and Pauling, "Evolutionary Divergence and Convergence in Proteins," 101

[151] Peter Atkins, Galileo's Finger: The Ten Great Ideas of Science, 2003, p. 16

[152] Elliott Sober, Evidence and Evolution: The logic behind the science, 2008, p. 314-315

[153] Understanding phylogenetic incongruence: lessons from phyllostomid bats - PubMed[56]

51. https://pubmed.ncbi.nlm.nih.gov/19307040/

52. https://pubmed.ncbi.nlm.nih.gov/33051672/

53. https://pubmed.ncbi.nlm.nih.gov/33051672/

54. https://pubmed.ncbi.nlm.nih.gov/9618502/

55. https://pubmed.ncbi.nlm.nih.gov/9647634/

56. https://pubmed.ncbi.nlm.nih.gov/22891620/

[154] Bones, molecules...or both? | Nature[57]

[155] Patterson et al., "Congruence between Molecular and Morphological Phylogenies", Annual Review of Ecology and Systematics, vol 24, pg. 179

[156] De Jong, W. W. Molecules remodel the mammalian tree. Tree Vol 13, No 7, pg. 270-274

[157] Masami Hasegawa, Jun Adachi, Michel C. Milinkovitch, "Novel Phylogeny of Whales Supported by Total Molecular Evidence," Journal of Molecular Evolution 44 (Supplement 1, 1997): S117-S120

[158] Horizontal functional gene transfer from bacteria to fishes | Scientific Reports[58]

[159] The past, present and future of the tree of life - ScienceDirect[59]

[160] Some genes 'foreign' in origin and not from our ancestors[60]

[161] Some genes 'foreign' in origin and not from our ancestors[61]

[162] Mark A. Ragan and Robert G. Beiko, "Lateral genetic transfer: open issues," Philosophical Transactions of the Royal Society B, 364 (2009): 2241-2251.

[163] https://phylogenomics.blogspot.com/2015/03/horizontal-gene-transfer-into-humans-i.html

---

57. https://www.nature.com/articles/35018729

58. https://www.nature.com/articles/srep18676

59. https://www.sciencedirect.com/science/article/pii/S0960982221002967

60. https://www.biomedcentral.com/about/press-centre/science-press-releases/13-03-2015

61. https://www.biomedcentral.com/about/press-centre/science-press-releases/13-03-2015

[164] Reconstructing the Last Common Ancestor: Epistemological and Empirical Challenges - PubMed[62]

[165] Jerry A. Coyne, Why Evolution Is True, 2009, p. 93

[166] Jerry A. Coyne, Why Evolution Is True, 2009, p. 98

[167] Marsupials | National Center for Science Education[63]

[168] Sea Monkeys Are the Tip of the Iceberg: More Biogeographical Conundrums for Neo-Darwinism | Evolution News[64]

[169] Alan de Queiroz, "The resurrection of oceanic dispersal in historical biogeography," *Trends in Ecology and Evolution*, Vol.20(2):68-73

[170] Skeptic » Insight » Monkey Business[65]

[171] George Gaylord Simpson, Mammals and Land Bridge, 1940

[172] Little African duckbill dinosaurs provide evidence of an unlikely ocean crossing[66]

[173] BBC News - Tiny fossil teeth [67]re-write[68] rodent record[69]

[174] Over-water dispersal of lizards due to hurricanes | Nature[70]

---

62. https://pubmed.ncbi.nlm.nih.gov/35575816/

63. https://ncse.ngo/marsupials

64. https://evolutionnews.org/2010/03/sea_monkeys_are_the_tip_of_the/#fn78

65. https://www.skeptic.com/insight/monkey-business/

66. https://phys.org/news/2024-02-african-duckbill-dinosaurs-evidence-ocean.html

67. https://www.bbc.co.uk/news/science-environment-15268643

68. https://www.bbc.co.uk/news/science-environment-15268643

69. https://www.bbc.co.uk/news/science-environment-15268643

[175] Full article: The first substantiated case of trans-oceanic tortoise dispersal[71]

[176] What is Embryology?[72]

[177] Darwin, Francis ed. 1887. The life and letters of Charles Darwin, including an autobiographical chapter. vol. 2. London: John Murray.[73]

[178] Darwin, C. R. 1872. The origin of species by means of natural selection, or the preservation of favoured races in the struggle for life. London: John Murray. 6th edition; with additions and corrections. Eleventh thousand.[74]

[179] Jerry A. Coyne, Why Evolution Is True, 2009, p. 78-82

[180] Mason, Losos and Singer, Raven and Johnson's Biology, 428

---

70. https://www.nature.com/articles/26886

71. https://nam10.safelinks.protection.outlook.com/?url=https%3A%2F%2Fdoi.org%2F10.1080%2F002229306010

    58290&data=05%7C02%7Cklinghoffer%40discovery.org%7C2314097c744b454116e708dc70f2745b%7C9bf06

    663c0d64ce089ef1a87c52bdb32%7C0%7C0%7C638509433868204371%7CUnknown%7CTWFpbGZsb3d8ey

    JWIjoiMC4wLjAwMDAiLCJQIjoiV2luMzIiLCJBTiI6Ik1haWwiLCJXVCI6Mn0%3D%7C0%7C%7C%7C&sd

    ata=XCkCj%2BM3iAYBRYUwY6Qs6S0EnC6s5%2FYtxtwzJnYt574%3D&reserved=0

72. https://www.news-medical.net/health/

    What-is-Embryology.aspx#_853ae90f0351324bd73ea615e6487517__4c761f170e016836ff84498202b99827__85

    3ae90f0351324bd73ea615e6487517_text_43ec3e5dee6e706af7766fffea512721_Embryology_0bcef9c45bd8a48e

    da1b26eb0c61c869_20is_0bcef9c45bd8a48eda1b26eb0c61c869_20the_0bcef9c45bd8a48eda1b26eb0c61c869_2

    0study_0bcef9c45bd8a48eda1b26eb0c61c869_20of_c0cb5f0fcf239ab3d9c1fcd31fff1efc_term_0bcef9c45bd8a48

    eda1b26eb0c61c869_20used_0bcef9c45bd8a48eda1b26eb0c61c869_20is_0bcef9c45bd8a48eda1b26eb0c61c869

    _20_0bcef9c45bd8a48eda1b26eb0c61c869_E2_0bcef9c45bd8a48eda1b26eb0c61c869_80_0bcef9c45bd8a48eda

    1b26eb0c61c869_9Cfetus._0bcef9c45bd8a48eda1b26eb0c61c869_E2_0bcef9c45bd8a48eda1b26eb0c61c869_80

    _0bcef9c45bd8a48eda1b26eb0c61c869_9D

73. https://darwin-online.org.uk/content/frameset?pageseq=354&itemID=F1452.2&viewtype=side

74. https://darwin-online.org.uk/content/frameset?viewtype=side&itemID=F391&pageseq=415

[181] . Miller and Levine, Biology, 469

[182] There is no highly conserved embryonic stage in the vertebrates: implications for current theories of evolution and development | Brain Structure and Function[75]

[183] Haeckel's embryos: fraud rediscovered - PubMed[76]

[184] Stephen Jay Gould, "Abscheulich! (Atrocious!)," Natural History (March, 2000): 42–49.

[185] Rudolf A. Raff. The Shape of Life: Genes, Development, and the Evolution of Animal Form, 1996, p. 195

[186] http://scienceblogs.com/pharyngula/2009/05/08/casey-luskin-smirking-liar

[187] There is no highly conserved embryonic stage in the vertebrates: implications for current theories of evolution and development - PubMed[77]

[188] There is no highly conserved embryonic stage in the vertebrates: implications for current theories of evolution and development - PubMed[78]

[189] Inverting the hourglass: quantitative evidence against the phylotypic stage in vertebrate development. - PMC[79]

[190]   https://scienceblogs.com/pharyngula/2011/06/17/jonathan-maclatchie-collides-w

---

75. https://link.springer.com/article/10.1007/s004290050082

76. https://pubmed.ncbi.nlm.nih.gov/9304211/

77. https://pubmed.ncbi.nlm.nih.gov/9278154/

78. https://pubmed.ncbi.nlm.nih.gov/9278154/

79. https://www.ncbi.nlm.nih.gov/pmc/articles/PMC1691251/

[191] Shoaib Ahmed Malik, Islam and Evolution: Al-Ghazālī and the Modern Evolutionary Paradigm, 2021, p. 38

[192] Michael Shermer, Why Darwin Matters: The Case Against Intelligent Design (New York: Henry Holt, 2006), 18.

[193] We've all got baggage[80]

[194] Richard Dawkins, The Selfish Gene (New York: Oxford University Press, 1976), 47

[195] Philip Kitcher, Living With Darwin: Evolution, Design, and the Future of Faith (New York: Oxford, 2007), 57–58

[196] Charles R. Darwin, On the Origin of Species by Means of Natural Selection, 1st ed. (London: John Murray, 1859), 168, 455–456

[197] Why Do Men Have Nipples?[81].

[198] Vestigial organs: Remnants of evolution | New Scientist[82]

[199] An integrated encyclopedia of DNA elements in the human genome | Nature[83]

---

80. https://evolution.berkeley.edu/mantis-shrimp-shoulder-their-evolutionary-baggage-and-bluff/weve-all-got-baggage/

81. https://www.verywellhealth.com/why-do-men-have-nipples-2328794#_853ae90f0351324bd73ea615e6487517__4c761f170e016836ff84498202b99827__853ae90f0351324bd73ea615e6487517_text_43ec3e5dee6e706af7766fffea512721_While_0bcef9c45bd8a48eda1b26eb0c61c869_20male_0bcef9c45bd8a48eda1b26eb0c61c869_20nipples_0bcef9c45bd8a48eda1b26eb0c61c869_20are_0bcef9c45bd8a48eda1b26eb0c61c869_20sometimes_c0cb5f0fcf239ab3d9c1fcd31fff1efc_as_0bcef9c45bd8a48eda1b26eb0c61c869_20remnants_0bcef9c45bd8a48eda1b26eb0c61c869_20of_0bcef9c45bd8a48eda1b26eb0c61c869_20fetal_0bcef9c45bd8a48eda1b26eb0c61c869_20development

82. https://www.newscientist.com/article/mg19826562-100-vestigial-organs-remnants-of-evolution/

[200] Wojciech Makalowski, "Not Junk After All," Science, Vol. 300(5623) (May 23, 2003)

[201] Laura Poliseno, "Pseudogenes: Newly Discovered Players in Human Cancer," Science Signaling, 5 (242) (September 18, 2012).

[202] Ryan Charles Pink, Kate Wicks, Daniel Paul Caley, Emma Kathleen Punch, Laura Jacobs, and David Paul Francisco Carter, "Pseudogenes: Pseudo-functional or key regulators in health and disease?," RNA, 17 (2011): 792-98.

[203] Highlight—"Junk DNA" No More: Repetitive Elements as Vital Sources of Flatworm Variation - PMC[84]

[204] A wealth of discovery built on the Human Genome Project — by the numbers[85]

[205] Functional Histology of Appendix[86]

[206] Biofilms in the large bowel suggest an apparent function of the human vermiform appendix - PubMed[87]

[207] Whale sex: It's all in the hips | ScienceDaily[88]

[208] Three organs in one? Researchers unscramble mysterious roles of human yolk sac | Science[89]

---

83. https://www.nature.com/articles/nature11247

84. https://www.ncbi.nlm.nih.gov/pmc/articles/PMC8689661/

85. https://www.nature.com/articles/d41586-021-00314-6

86. https://www.jstage.jst.go.jp/article/aohc1950/46/3/46_3_271/_article

87. https://pubmed.ncbi.nlm.nih.gov/17936308/

88. https://www.sciencedaily.com/releases/2014/09/140908121536.htm

[209] Native functions of short tandem repeats | eLife[90]

[210] Rapid evolution of noncoding RNAs: lack of conservation does not mean lack of function - PubMed[91]

---

89. https://www.science.org/content/article/three-organs-one-researchers-unscramble-mysterious-roles-human-yolk-sac

90. https://elifesciences.org/articles/84043

91. https://pubmed.ncbi.nlm.nih.gov/16290135/

Also by Ammar Adil

Sunni Hadiths and Sirah: Proofs of Historical Reliability
The Existence of God and the Irrationality of Atheism
Proofs for Islam: Prophecies of Prophet Muhammad ﷺ
Hadiths Sunnites et Sirah : Preuves de Fiabilité Historique
Evolution and Design: Logic and Evidence
Evrim ve Tasarım: Mantık ve Kanıt

About the Author

I am an independent researcher in topics related to existence of God and Islam. I done years of research on topics such as Existence of God, Evolution, Intelligent Design, Proofs for Islam being from God, Historical Jesus, Quran Preservation, Reliability of Hadiths and Sirah etc. My debates and videos are uploaded on https://youtube.com/@refutingorientalists?si=2Q8ZzGfsupml-IeQ and you can contact me on my twitter account at https://twitter.com/qadissiyah636

www.ingramcontent.com/pod-product-compliance
Lightning Source LLC
Chambersburg PA
CBHW071412150726
48000CB00001B/290